포기하지 마
수학

수학 때문에 미쳐버릴 것 같은 고1을 위한

포기하지 마 수학

수와 연산 · 규칙성 편

최은진 지음

사랑하는 아들, 전이든을 낳기 전날 이 책의 원고를 탈고했습니다.

무사히 책을 완성할 수 있게 도와준 아들에게 고마운 마음을 전합니다.

지금껏 대한민국의 한 수학선생님으로서 수포자를 구원하고픈 마음이 간절했다면, 이제 다른 한편으로 소중한 우리 아이가 수포자가 되지 않기를 바라는 대한민국 부모님들의 마음을 조금이나마 이해할 수 있을 것 같습니다.

들어가며

수학이 너무나 힘든 친구들에게

·········· 언제부턴가 우리 주변에서 흔히 쓰이는 말, 수. 포. 자. 수학을 포기한 사람. 학년이 올라갈수록 수포자가 아닌 사람이 오히려 이상하게 느껴지고 수학 시간이면 엎드려 잠을 자는 친구들이 늘어가는 걸 보면서 수학 교육을 공부하고, 수학을 가르치는 사람으로서 자괴감이 들 정도로 속상했던 적이 많았단다. '왜 저 친구는 계속 자는 걸까', '내 수업이 그렇게도 재미없나' 이런 생각이 들기도 했지.

수학이 분명 중요한 과목임은 알고 있지만 너희들이 수학을 포기하는, 아니 포기할 수밖에 없는 이유는 무엇일까? 수학은 이전 학년의 내용이 다음 학년까지 연결되기 때문에 기초가 매우 중요한 과목이야. 따라서 수학을 공부하면서 어렵고 이해가 가지 않는 내용이 있는데 그걸 제대로 해결하지 못한 채로 학년을 올라갔다면 이후 수학을 포기하게 될 가능성이 높아. 또 수학이 너무 재미없고 지겨워서 잠시 손을 놓아버렸는데 그대로 학년을 올라가는 과정이 반복되다 보니 다시 공부하려고 해도 어디서부터 시작해야 할지 몰라서 결국 수학을 포기한 친구들도 많을 거야. 공식만 빽빽하게 들어찬 수학책을 보면서 머리가 아파 공부를 그만둔 경우도 분명 있을 테고.

혹시 전부 나의 이야기 같아서 뜨끔한 친구들 있니? 너희들이 수학을 포기하게 된 이유는 단순히 수학이 어려워서, 이해가 안 가서, 문과라서가 아니란다. 고등학교에서 배우는 수학은 초등학교, 중학교 과정부터 쭉 연결이 되어 있는데 초등학교, 중학교에서 한 번 흐름을 놓쳤기 때문에 그런 것뿐이야. 그렇기 때문에 함수나 방정식과 같이 이전 과정에서부터 이어진 내용은 이해가 가지 않지만 행렬같이 고등학교에서 처음 배우는 과정은 상대적으로 쉽게 따라갈 수 있는 것이고.

하지만 언제까지나 수포자로 남을 수만은 없겠지? 『포기하지 마, 수학』은 이렇게 수포자에서 탈출하고 싶은 친구들을 위해 만든 책이야. 따라서 수학을 왜 어려워하고 어떻게 하면 조금이라도 더 재미있게 공부할 수 있을지 고민해서 집필했단다.

먼저 이 책은 고등학교 1학년, 고등학교 수학의 기본을 초·중학교에서 배웠던 내용부터 연결지어 생각해 볼 수 있도록 만들었어. 새로운 마음으로 기초부터 시작해 보려 했지만 내가 무엇을 모르는지조차 몰라 어려움을 겪는 친구들을 위해 지금 배울 것들이 이전에 배웠던 것에서 어떤 과정을 거쳐 발전했는지에 집중했지. 또한 그렇게 배운 것들이 문제로는 어떻게 출제되는지 확인하고, 내가 아는 것을 응용해 보는 시간을 가지기 위해서 본문 중간에 가볍게 풀 수 있는 예제를 넣어 놨단다. 따라서 기초가 부족한 친구들도 쉽게 이해할 수 있을 거야.

또한 '아무리 좋다는 책도 지루해서 이해조차 할 수 없었는데'라고 공부를 망설이는 친구들을 위해 자꾸만 보고 싶은 수학책을 만들어야겠구나 싶었어. 어떤 일을 잘하려면 반복해서 연습해야 하는 것처럼 수학도 마찬가지란다. 자꾸만 펼쳐 보고 싶고 이해가 가는 책이어야 한다는 생각에 수학에 어려움을 느끼는 너희들에게 조금이나마 색다른 접근을 해 봤어. 선생님이 평소 수업시간에 설명하듯 편안한 대화체를 사용했고, 이해를 도우면서도 재미있는 만화를 넣어서 쉬어가는 공간을 마련했어. 또한 실전에 응용할 수 있는 개념을 간단하게 정리한 '꿀팁!'과 단원 시작마다 앞으로 배울 단원에 연관되는 해시태그를 표시해서 마치 SNS를 보는 것처럼 공부할 수 있도록 만들었단다. 이렇게 가볍게 개념에 접근할 수 있다면 수학이 마냥 지겹지만은 않을 거야. 또 쉽고 친숙한 말과 표현으로 설명을 듣는다면 수학이 딱딱하고 어렵다는 편견도 사라지겠지?

수학만큼 정직한 과목은 없단다. 내가 생각하고 고민하는 시간이 많아질수록 잘하게 되는 법! 매일 조금씩 곁에 두고 읽어나가다 보면, 수학을 스스로 고민해 볼 수 있는 힘, 나도 할 수 있다는 자신감이 생길 거야. 『포기하지 마, 수학』이 가볍게 넘기면서 읽어 보고 언제라도 공부하다 찾아 볼 수 있는 친근한 책으로 너희들의 곁에 항상 함께 하길 바란단다. 이 책을 읽고 수학에 대한 거부감이 사라지고 자신감과 흥미를 가지고 수학을 새롭게 대할 수 있게 되길 응원할게! 자, 그럼 시작해 볼까?

최은진

CHAPTER 2
복소수

PART 2 규칙성

CHAPTER 1 방정식과 부등식

CHAPTER 2

함수

PART

1

수와 연산

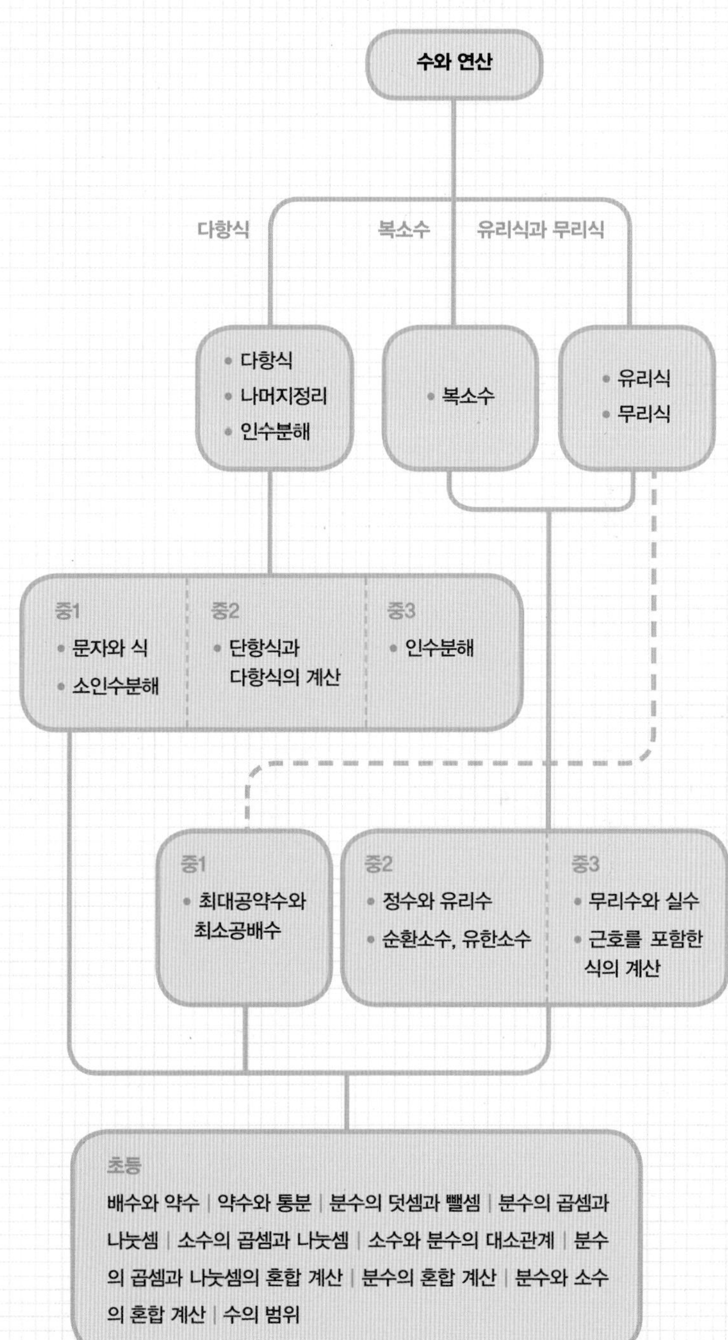
수와 연산
다항식
복소수
유리식과 무리식
다항식
나머지정리
인수분해
복소수
유리식
무리식
중1
문자와 식
소인수분해
중2
단항식과 다항식의 계산
중3
인수분해
중1
최대공약수와 최소공배수
중2
정수와 유리수
순환소수, 유한소수
중3
무리수와 실수
근호를 포함한 식의 계산
초등
배수와 약수 | 약수와 통분 | 분수의 덧셈과 뺄셈 | 분수의 곱셈과 나눗셈 | 소수의 곱셈과 나눗셈 | 소수와 분수의 대소관계 | 분수의 곱셈과 나눗셈의 혼합 계산 | 분수의 혼합 계산 | 분수와 소수의 혼합 계산 | 수의 범위

/

다항식

나머지정리

인수분해

CHAPTER 1

다항식

01
다항식

#문자_사용의_기본_원리, #대입, #단항식, #다항식, #항, #계수와_차수, #곱셈공식

다항식의 연산을 바로 들어가기 전에 중학교 1학년 때 배웠던 문자 사용에 얽힌 기본 원리와 대입을 확인하는 시간을 가질 거야. 이미 알고 있었던 내용도 많지만, 확실하게 정리한다는 생각으로 보면 된단다. '나는 기초가 없어서 못 해!'라는 생각은 이제 그만! 처음부터 차근차근 도전해 나가면 쉽게 이해할 수 있어.

문자 사용의 기본 원리와 대입

대입이란 식에 들어 있는 문자에 문제에서 주어진 수를 넣는 것으로, 개념 자체는 중학교 1학년 때 배웠지만 의외로 대입의 과정에서 어려움을 겪

용어 정리

대입 식에 들어있는 문자를 문제에서 주어진 수로 바꾸어 넣는 것

식의 값 식에 문자를 대입해 계산한 결과

는 경우가 많으니 확실히 다져 둘 필요가 있어.

단항식, 다항식, 항

문자사용의 기본 원리를 익혔으니, 이제 본격적으로 다항식에 대해서 배워 보자. 이번에도 먼저 관련된 용어를 깔끔하게 정리할 거야. 이 단원은 자잘한 용어들이 많이 등장해 다소 복잡하지만 용어 정리만 잘 해둔다면 이후 내용이 쉬워지지.

$$4xy$$

이런 식이 있다고 생각해 보자. 이 식은 '단항식'이야. 단항식이란 수와 문자, 문자와 문자의 곱으로 연결된 식을 의미하지.

문자 사용의 기본 원리

① (문자)×(문자), (문자)×(괄호), (괄호)×(괄호)에서 '×'는 생략한다

예) $a\times b=ab$, $a\times(b+c)=a(b+c)$, $(a+b)\times(c+d)=(a+b)(c+d)$

② (수)×(문자)에서는 수를 문자의 앞에 쓴다. 단, $1\times$(문자), $(-1)\times$(문자)에서는 1을 생략한다.

예) $2\times a\times b=2ab$, $1\times a\times b=ab$, $(-1)\times a\times b=-ab$

③ (수)×(수)에서 ×는 점(·)으로 표현한다.

예) $2\times3=2\cdot3$

④ 문자의 곱은 일반적으로 알파벳 순서로 정리한다.

예) $a\times x\times c\times z\times b=abcxz$

⑤ 같은 문자는 거듭제곱의 꼴로 표현한다.

예) $a\times x\times a\times x\times b\times a=a^3bx^2$

⑥ 나눗셈은 역수로 표현한다.

예) $a\div b=a\times\frac{1}{b}=\frac{a}{b}$

그렇다면 이 단항식에 다른 단항식을 더하면 어떨까? 이렇게 말이야.

$$4xy-y-2$$

이런 식을 바로 '다항식'이라고 해. 다항식은 단항식 또는 단항식의 합으로 이루어진 식을 의미하지. 이 다항식에서 $4xy$, $-y$, -2와 같이 다항식을 구성하는 각각의 것들을 '항'이라고 해. 그리고 단항식이 모이면 다항식이 되는 거란다.

이때 맨 뒤의 -2를 바로 '상수항'이라고 해. 단항식이 수와 문자, 문자와 문자로 이루어진 것과는 달리 상수항은 수로만 이루어져 있지.

하지만 상수항이 반드시 수인 것은 아니야. '상수'란 변하지 않는 값을 말해. 따라서 어떤 다항식이 x에 대한 다항식인데 그 다항식에 y가 포함된 항이 있다면 그 항을 상수항이라고 할 수 있단다.

꿀팁

대입의 룰

① 문자에 대입하는 수가 음수인 경우 반드시 괄호를 써야 실수 없이 계산할 수 있어.

예 $2+3=5$, $(-2)+(-3)=-5$, $(-2)+3=1$, $2+(-3)=-1$

② 부호가 같은 두 정수의 곱은 + 부호를 가져.

예 $(-2)\times(-3)=6$, $2\times3=6$

③ 곱하기와 제곱이 함께 있는 경우, 제곱 계산이 우선이야.

예 $(3)^2\times(2)^3=9\times8=72$

④ 분모에 분수를 대입하는 경우, 나눗셈을 떠올리며 역수를 곱하는 것으로 계산하면 쉬워.

예 $\frac{1}{a}$에 $a=\frac{1}{2}$를 대입하면 $\frac{1}{\frac{1}{2}}=1\times2=2$

계수와 차수

이제 단항식, 다항식, 항의 개념을 알아보았으니, 계수와 차수의 개념을 살펴보자. 계수와 차수는 중학교 2학년 때 배운 용어이지만, 언제나 들어도 헷갈리는 용어란다.

$$5x^3$$

계수는 문자 앞의 곱해진 것, 문자를 제외한 나머지 부분을 의미해. 차수는 문자가 곱해진 개수를 의미하지. 이 차수에 따라 이 식이 구하고자 하는 문자에 대한 몇 차식인지 판단할 수 있어. 상수항의 차수는 0이고. 즉 위의 $5x^3$를 하나의 항이라고 하면, 5는 이 항의 계수, 3은 문자 x의 차수라고 해. 또한 이 식은 x에 대한 삼차식이라고 하면 된단다.

단항식의 계수와 차수는 충분히 살펴봤으니, 이제 다항식의 차수를 살펴볼까?

$$4x^2y+2y$$

이런 다항식이 있다고 생각해 보자. 이 다항식의 차수는 몇일까? 다항식의 차수는 다항식에서 차수가 가장 큰 항의 차수를 의미해. 그런데 앞서 계수나 차수를 구할 때는 어떤 문자에 대해 구하는지를 정확하게 판단해야 한다고 했지? 마찬가지로 둘 이상의 문자가 섞여 있을 때 다항식의 차

용어 정리

단항식 수와 문자 또는 문자와 문자의 곱으로 연결된 식
다항식 단항식 또는 단항식의 합으로 이루어진 식
항 다항식에 포함된 각각의 단항식
상수항 다항식에서 특정 문자를 포함하지 않는 항 또는 수만 있는 항

수는 어떤 문자에 대한 가장 큰 항의 차수를 묻는지 꼭 살펴봐야 해. 따라서 이 다항식은 x에 대해서는 이차식이고, y에 대해서는 일차식이야.

이제 다항식의 덧셈과 뺄셈을 시작해 보자

단항식과 다항식, 계수와 차수까지 모두 배웠다면 이제 다항식의 덧셈과 뺄셈을 시작할 준비를 마쳤다고 할 수 있어. 이제 다항식의 덧셈과 뺄셈을 본격적으로 시작하기 위해 '동류항'의 의미와 다항식의 연산을 할 때 동류항의 역할에 대해 살펴보자.

$$4x^2+3x^2-x+5x$$

동류항이란 특정한 문자에 대해 차수가 같은 항을 말해. 그렇다면 위의 식에서 차수가 2로 같은 항이 $4x^2$와 $3x^2$이니까 이 둘은 동류항이겠지? $-x$와 $5x$도 마찬가지고. 동류항은 다항식의 덧셈과 뺄셈을 할 때 중요한 개념이란다. 동류항끼리는 덧셈과 뺄셈이 가능하기 때문이지. 따라서 이 식을 정리하면 $7x^2+5x$가 된단다. 참고로 동류항을 더하거나 뺄 때는 계수끼리만 계산하면 돼.

용어 정리

계수 항에서 특정 문자를 제외한 나머지 부분

차수 항에서 특정 문자가 곱해진 개수

다항식의 차수 다항식에서 차수가 가장 큰 항의 차수를 의미함. 이 때 둘 이상의 문자가 섞여 있다면 일반적으로 어떤 문자에 대한 차수를 묻는지 명시해주는 것이 원칙

한편 항이 2개 이상인 복잡한 다항식을 계산할 때는 정리가 필요한데, 방법은 크게 두 가지란다. 바로 내림차순으로 정리하는 방법과 오름차순으로 정리하는 방법이야. 이때 정리의 기준은 문자와 차수이고.

$$x^2+2xy+3y^2-x+y+5$$

위의 식을 정리해 볼까? 먼저 내림차순은 다항식에서 한 문자에 대하여 차수가 높은 항부터 낮은 항의 순서로 나타내는 것을 의미한단다. 위의 식을 x에 관한 내림차순으로 정리하면 x에 관해 높은 차수부터 낮은 차수의 순으로 정리하라는 의미니까 이렇게 되겠지?

$$x^2+2xy-x+3y^2+y+5$$

여기서 내림차순으로 식을 더욱 예쁘게 정리하는 꿀팁을 알려줄게. 바로 같은 차수의 문자는 묶어서 하나로 나타내는 방법이야. 먼저 x에 관한 일차식인 $2xy-x$을 살펴보면 $2xy-x=(2y-1)x$가 될 수 있지? 이렇게 x에 관한 일차식으로 정리하는 게 좋아. 또 x의 입장에서 보면 상수항인 $3y^2+y+5$는 그냥 나열해도 되지만, 이왕이면 y에 대해 내림차순으로 정리하는 게 더 보기 좋단다.

$$x^2+(2y-1)x+3y^2+y+5$$

용어 정리

동류항 특정한 문자에 대한 차수가 같은 항, 동류항끼리는 덧셈, 뺄셈이 가능!

내림차순 정리 다항식에서 한 문자에 대하여 차수가 높은 항부터 낮은 항의 순서로 나타내는 것

오름차순 정리 다항식에서 한 문자에 대하여 차수가 낮은 항부터 높은 항의 순서로 나타내는 것

반면 오름차순은 반대로 한 문자에 대하여 차수가 낮은 항부터 높은 항의 순서로 나타내는 것을 의미해. 아까의 식을 오름차순으로 정리하면 이렇게 되겠지?

$$3y^2+y+5+(2y-1)x+x^2$$

보통 수학에서는 주로 한 문자에 대해 내림차순으로 식을 정리하는 것이 일반적이야. 나중에 인수분해에서 유용하게 쓰일 테니 잘 알아두자!

지수법칙

다항식의 덧셈과 뺄셈은 이 정도면 충분히 따라할 수 있을 거야. 덧셈과 뺄셈을 공부했으니 이제부터는 곱셈을 공부해 보자. 다항식의 곱셈을 할 때에는 크게 두 가지 법칙을 잘 알고 있으면 된단다. 바로 지수법칙과 분배법칙! 사실 지수법칙은 중학교 때 이미 배웠지만, 다시 한 번 확실히 정리하고 적용할 필요가 있어.

용어 정리부터 해 볼까? a^n에서 a는 밑, n은 지수라고 하는 것은 알고 있지? 또 a^3은 $a\times a\times a$를 줄여서 쓴 표현이라는 것도 반드시 알고 있어야 해. 자, 이제 준비는 끝냈으니 다섯 가지 지수법칙, 지금부터 확인해 보자!

지수법칙 1

$$a^m\times a^n=a^{m+n}$$

먼저, 밑이 같은 곱셈은 지수끼리 더하면 돼. $a^3\times a^4$은 a 3개에 4개를 더 곱해 a를 7개 곱한다는 의미이니까 $a\times a\times a\times a\times a\times a\times a=a^7$, 즉 $a^3\times a^4=a^{3+4}=a^7$으로 지수끼리 더한 결과와 같아!

지수법칙 2

$$a^m \div a^n = a^{m-n}$$

밑이 같은 나눗셈은 반대로 지수끼리 빼면 돼. 나눗셈은 일단 분수로 표현한 뒤 약분한다는 의미이니까 $a^4 \div a^3$은 $\frac{a\times a\times a\times a}{a\times a\times a}$, 즉 $a^{4-3}=a^1=a$로 지수끼리 뺀 결과와 같단다.

특수한 지수, 이것만은 기억하자!

$$a^m \div a^n = a^{m-n}$$

밑이 같은 나눗셈을 할 땐 지수끼리 뺀다는 원칙을 적용해 보면, 다음과 같은 특수한 지수를 가지는 경우에도 그 값을 정의할 수 있단다.

$$a^0=1$$

예를 들어, 지수법칙을 적용하면 $a^3 \div a^3 = a^{3-3} = a^0$임은 확인할 수 있지? 한편 $a^3 \div a^3$는 똑같은 수끼리 나누었으니까 나눗셈의 결과는 1이 된단다. 따라서 이 둘을 비교하면 $a^0=1$이라는 결과가 나오지.

$$a^{-1}=\frac{1}{a}$$

한편 지수법칙에 따르면 $a^3 \div a^4 = a^{3-4} = a^{-1}$이지? $a^3 \div a^4 = \frac{a\times a\times a}{a\times a\times a\times a} = \frac{1}{a}$이니까 이 둘을 비교하면 $a^{-1}=\frac{1}{a}$임도 쉽게 확인이 가능하지. 참고로 $a^{-1}=\frac{1}{a}$이라는 사실은 고등학교 지수 단원을 배우면서 조금 더 자세하게 공부하게 될 거야.

지수법칙 3

$$(a^m)^n = a^{mn}$$

지수의 지수는 지수끼리 곱하자. $(a^3)^4$은 a^3을 4번 연거푸 곱했다는 뜻이지? 그러므로 $a^3 \times a^3 \times a^3 \times a^3 = a^{3+3+3+3} = a^{12}$, 지수끼리 곱한 결과와 같아!

지수법칙 4

$$(ab)^m = a^m b^m$$

곱한 전체에 m제곱하면, 각각에 m제곱이 된다는 뜻이야. $(ab)^2$은 $abab$, 즉 ab를 두 번 곱했다는 뜻과 같으니까 교환법칙을 써서 $(ab)^2 = abab = aabb = a^2b^2$, 밑을 각각 제곱한 결과와 같아.

지수법칙 5

$$\left(\frac{a}{b}\right)^m = \frac{a^m}{b^m} (b \neq 0)$$

나눈 전체에 m제곱하면, 역시 각각에 m제곱이 돼. 가령 $\left(\frac{a}{b}\right)^2$은 $\frac{a}{b} \times \frac{a}{b} = \frac{a^2}{b^2}$으로 바꿀 수 있단다.

분배법칙

다항식의 곱셈을 할 때 필요한 두 번째 법칙! 바로 분배법칙이야. 역시 중학교 때 배웠던 내용이지만 다시 한 번 정리해 보자.

$$a(b+c)=ab+ac$$

이렇게 괄호를 풀고 정리하는 것을 분배법칙을 이용해 '전개'한다고 표현해. 분배법칙을 더 잘 기억하기 위해서는 분배법칙의 세 가지 포인트를 짚고 넘어가야 한단다.

분배법칙 1

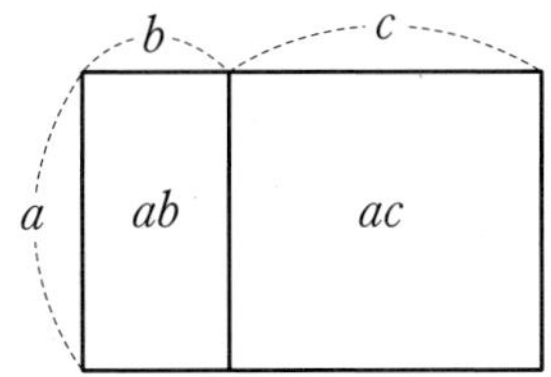

$$a(b+c)=a\times b+a\times c=ac+ac$$

분배법칙의 첫 번째 원칙은 바로 집집마다 방문할 것! 즉 괄호로 묶인 경우에는 모든 항에 값을 곱해야 한다는 뜻이야. 분배법칙의 원리를 그림으로 살펴볼까?

꿀팁

분배법칙의 세 가지 원칙

① $2(a+1)=2a+2$ 집집마다 방문
② $-2a(x-4)=-2ax+8a$ −부호도 분배
③ $2a+2=2(a+1)$ 공통으로 들어 있는 값은 묶을 수 있음

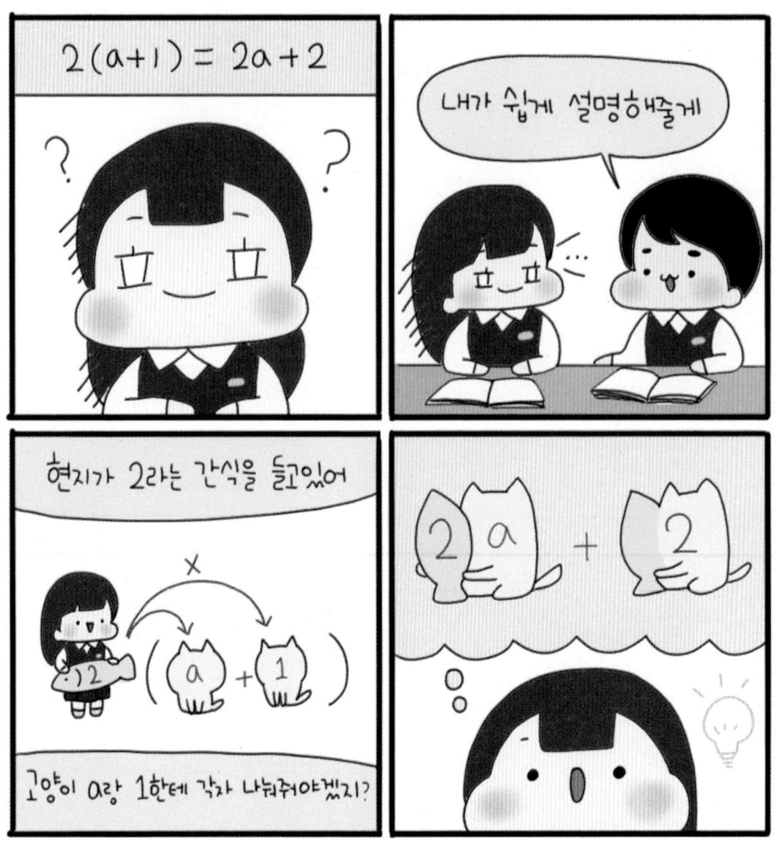

사각형의 넓이를 비교해 보면, 작은 직사각형 둘의 합은 큰 직사각형의 넓이와 같지? 그 사실을 이용해 식으로 옮기면, $a(b+c)=ab+ac$라고 할 수 있어. 이렇게 분배법칙의 첫 번째 원칙은 도형의 넓이를 이용해 쉽게 확인이 가능하단다.

분배법칙 2

$$ab+ac=a\times b+a\times c=a(b+c)$$

그렇다면 반대로 계산하는 것은 어떨까? 분배법칙의 두 번째 원칙은 바로 공통으로 들어 있는 값은 괄호 앞으로 묶을 수 있다는 점이야. 이 성질은 나중에 인수분해에서 요긴하게 쓰이니 잘 기억해 두어야 해.

분배법칙 3

$$-(b-c)=(-1)\times(b-c)=-(b-c)=-b+c$$

한편 − 부호에도 분배법칙을 적용할 수 있어! 이 세 가지 원칙은 분배법칙을 자유자재로 쓰기 위해 꼭 기억해야 할 팁이란다.

예제 

다음을 간단히 정리해 보자.

1. $-(a-3b)$

→

2. $a(2a-3b)$

→

다항식과 다항식을 곱하면

다항식과 다항식의 곱셈에서는 가장 먼저 알아두어야 할 게 있어. 바로 교환법칙, 결합법칙, 분배법칙이라는 세 가지 연산법칙이야. 이 세 가지 법칙은 사실 우리가 계산하면서 이미 자연스럽게 사용하던 것들이지만, 다시 한 번 정리하고 넘어가자.

연산법칙 1. 교환법칙

$$a+b=b+a$$ 덧셈에 대한 교환법칙

$$ab=ba$$ 곱셈에 대한 교환법칙

연산법칙 2. 결합법칙

$$(a+b)+c=a+(b+c)$$ 덧셈에 대한 결합법칙

$$(ab)c=a(bc)$$ 곱셈에 대한 결합법칙

연산법칙 3. 분배법칙

$$a(b+c)=ab+ac$$

이 법칙들은 우리가 이미 계산하면서 이용하고 있다고 했지? 그렇다면 계산을 할 때 어떻게 이용되고 있는지 직접 점검해 보자.

$$\begin{aligned}
&2(x-y)+5x \\
&=2x-2y+5x \quad \text{(분배법칙)} \\
&=2x+5x-2y \quad \text{(덧셈에 대한 교환법칙)} \\
&=(2x+5x)-2y \quad \text{(덧셈에 대한 결합법칙)} \\
&=(2+5)x-2y \quad \text{(분배법칙)}
\end{aligned}$$

자, 이렇게 세 가지 연산법칙을 이해했다면 지금까지 확인한 지수법칙과 분배법칙을 이용할 차례야. 지수법칙과 분배법칙으로 우리의 최종 목표인 다항식과 다항식의 곱셈을 해 볼 거야.

$$(a+b)(c+d)=ac+ad+bc+bd$$

우선 다항식과 다항식의 곱셈은 분배법칙을 쓰되, 집집마다 방문한다는 원칙을 지켜 꼼꼼하게 전개해야 해. 다음으로 지수법칙을 이용해 문자식을 간단히 한 뒤, 마지막으로 혹시 동류항이 있다면 서로 덧셈, 뺄셈을 통해 간단히 만들고 마무리! 복잡해 보이는 곱셈도 분배법칙과 지수법칙을 이용

해 하나하나 전개하면 쉽다는 사실, 알겠지?

$$(x+2)(x^2-3)=x^3-3x+2x^2-6=x^3+2x^2-3x-6$$

곱셈공식

지금까지 분배법칙과 지수법칙을 이용한 다항식을 전개하는 방법을 연습했어. 이번에는 하도 많이 나와서 전개 방법을 공식으로 외워 버리는 게 차라리 속편한 것들! 바로 곱셈공식에 대해 살펴볼 거야. 직접 전개를 해 보면서 공식을 확인하고, 그 다음엔 무슨 수를 써서라도 완벽하게 외워버리는 식으로 공부하면 돼.

예제 

다음 식을 전개해 보자.

1. $(x-1)(x+y)$

→

2. $(x+y)(x-y+1)$

→

사실 곱셈공식은 굉장히 복잡해서 외우기가 쉽지 않아. 따라서 무작정 외우기보다 각각의 공식이 어떻게 도출이 되는지 차근차근 알아보는 과정이 꼭 필요해. 일단 곱셈공식 6개를 살펴보고, 복잡한 계수나 − 부호가 끼어 있는 공식을 조금 더 쉽게 외우는 꿀팁을 알려줄게!

곱셈공식 1. 완전제곱식

$$(a+b)^2=a^2+2ab+b^2$$

$$(a-b)^2=a^2-2ab+b^2$$

$$(a+b)^2=(a+b)(a+b)=a^2+ab+ba+b^2=a^2+2ab+b^2$$

곱셈공식 2. 합차공식

$$(a+b)(a-b)=a^2+b^2$$

$$(a+b)(a-b)=a^2-ab+ba-b^2=a^2-b^2$$

완전제곱식과 합차공식은 중학교 때 이미 배웠던 공식이지?

곱셈공식 3. 산(山) 모양 공식

$$(x+a)(x+b)=x^2+(a+b)x+ab$$

$$(ax+b)(cx+d)=acx^2+(ad+bc)x+bd$$

$$(x+a)(x+b)=x^2+ax+bx+ab=x^2+(a+b)x+ab$$

산모양

$$(ax+b)(cx+d)=acx^2+adx+bcx+bd$$

산모양

$$=acx^2+(ad+bc)x+bd$$

산 모양 공식은 전개 과정에서 x의 계수가 뾰족한 산의 형태를 이루고 있는 곱셈공식이야. 이차방정식의 근과 계수의 관계와 연관되어 있어.

곱셈공식 4. 1, 3, 3, 1 공식

$$(a+b)^3=a^3+3a^2b+3ab^2+b^3$$
$$(a-b)^3=a^3-3a^2b+3ab^2-b^3$$

$$\begin{aligned}(a+b)^3&=(a+b)^2(a+b)=(a^2+2ab+b^2)(a+b)\\&=a^3+a^2b+2a^2b+2ab^2+b^2a+b^3\\&=a^3+3a^2b+3ab^2+b^3\end{aligned}$$

이 공식은 전개했을 때 앞에서부터 차례대로 계수가 1, 3, 3, 1이라는 점을 외우면 간편하지?

곱셈공식 5. 3개짜리 제곱 공식

$$(a+b+c)^2=a^2+b^2+c^2+2ab+2bc+2ca$$

$$\begin{aligned}(a+b+c)^2&=(a+b+c)(a+b+c)\\&=a^2+ab+ac+ba+b^2+bc+ca+cb+c^2\\&=a^2+b^2+c^2+2ab+2bc+2ca\end{aligned}$$

이 공식은 맨 처음에 배운 완전제곱식을 3개로 확장했다고 생각하면 이해하기 편하단다.

곱셈공식 6. 그대로 공식

$$(a+b)(a^2-ab+b^2)=a^3+b^3$$
$$(a-b)(a^2+ab+b^2)=a^3-b^3$$

$$(a+b)(a^2+ab+b^2)=a^3+a^2b+ab^2+ba^2-ab^2+b^3=a^3+b^3$$

이 공식은 $\begin{matrix}(a+b)(a^2-ab+b^2)=a^3+b^3\\(a-b)(a^2+ab+b^2)=a^3-b^3\end{matrix}$ 로, 앞에 모양 그대로에서 차수만 변화해 그대로 공식이라고 해.

지금까지 곱셈공식을 살펴봤어. 처음 두 공식은 중학교 때 이미 배운 공식이라서 친숙하겠지만, 나머지 네 공식은 약간 복잡하지? 또 부호에 따라서 공식의 내용이 조금 바뀌기도 하고. 관찰력이 좋은 친구라면 이미 어느 정도 눈치챘겠지만, 이 곱셈공식을 쉽게 외울 수 있도록 도와주는 두 가지 원칙이 있어. 이 두 원칙을 알려줄게.

원칙 1

— 부호는 뒤에 있는 문자에 포함시켜 전개한다

$(a-b)^2$, $(a-b)^3$, $(a-b+c)^2$와 같이 − 부호가 붙은 공식의 전개는 $(a+b)^2=a^2+2ab+b^2$, $(a+b)^3=a^3+3a^2b+3ab^2+b^3$, $(a+b+c)^2=a^2+b^2+c^2+2ab+2bc+2ca$를 이용해야 해. 즉 b 대신 $-b$가 들어 있다고 생각하고 전개한다는 뜻이야.

자, 먼저 $(a+b)^2=a^2+2ab+b^2$는 알지? $(a-b)^2=a^2-2ab+b^2$도 배웠고. 사실 $(a+b)^2=a^2+2ab+b^2$만 외우고 나면, $(a-b)^2=a^2-2ab+b^2$는 따로 외우지 않아도 알 수 있단다. $(a-b)^2$는 $(a-b)^2=a^2+2ab+b^2$에서 b 대신 $-b$가 들어갔다고 생각하고 전개하면 되거든!

예컨대 $(a-b)^2$는 $(a+(-b))^2=a^2+2a(-b)+(-b)^2=a^2-2ab+b^2$이 된단다. 이 결과는 우리가 이미 외웠던 $(a-b)^2=a^2-2ab+b^2$와도 일치하지? 이처럼 − 부호가 문자 앞에 있다면 공식을 따로 외우려 하지 말고, − 부호를 뒤에 있는 문자에 포함시켜 전개한다고 생각하렴.

또 $(a+b)^3=a^3+3a^2b+3ab^2+b^3$을 이용해, $(a-b)^3$를 전개해 볼까? b 대신 $-b$가 들어갔다고 생각하면 $(a-b)^3=(a+(-b))^3=a^3+3a^2(-b)+3a(-b)^2+(-b)^3$, 정리하면 $(a-b)^3=a^3-3a^2b+3ab^2-b^3$가 되겠지?

그럼 $(a-b+c)^2$는 어떻게 전개할까? $(a+b+c)^2=a^2+b^2+c^2+2ab+2bc+2ca$임은 알고 있으니까 b를 $-b$로 생각하면, $(a-b+c)^2=(a+(-b)+c)^2=a^2+(-b)^2+c^2+2a(-b)+2(-b)c+2ca=a^2+b^2+c^2-2ab-2bc+2ca$, 이렇게 정리할 수 있겠지?

용어 정리

여러 가지 곱셈 공식

① 완전제곱식

$(a+b)^2=a^2+2ab+b^2$

$(a-b)^2=a^2-2ab+b^2$

② 합차공식

$(a+b)(a-b)=a^2-b^2$

③ 산(山) 모양 공식

$(x+a)(x+b)=x^2+(a+b)x+ab$

$(ax+b)(cx+d)=acx^2+(ad+bc)x+bd$

④ 1, 3, 3, 1 공식

$(a+b)^3=a^3+3a^2b+3ab^2+b^3$

$(a-b)^3=a^3-3a^2b+3ab^2-b^3$

⑤ 3개짜리 제곱 공식

$(a+b+c)^2=a^2+b^2+c^2+2ab+2bc+2ca$

⑥ 그대로 공식

$(a+b)(a^2-ab+b^2)=a^3+b^3$

$(a-b)(a^2+ab+b^2)=a^3-b^3$

곱셈공식의 원칙

원칙 1. $-$부호는 뒤에 있는 문자에 포함시켜 전개한다.

원칙 2. 문자 앞의 계수 역시 문자에 포함시켜 전개한다.

원칙 2

문자 앞의 계수 역시 문자에 포함시켜 전개한다

$(a+2b)^3$, $(a+b-2c)^2$ 식의 전개는 $(a+b)^3=a^3+3a^2b+3ab^2+b^3$, $(a+b+c)^2=a^2+b^2+c^2+2ab+2bc+2ca$를 이용하면 돼. 즉, b 대신 $2b$, c 대신 $-2c$가 들어있다고 생각하면 간편하지.

자세히 살펴볼까? $(a+b)^3=a^3+3a^2b+3ab^2+b^3$라는 건 배웠어. 그렇다면 이를 이용해, $(a+2b)^3$에서 b 대신 $2b$가 들어갔다고 생각하고 전개하면 $(a+2b)^3=(a+(2b))^3=a^3+3a^2(2b)+3a(2b)^2+(2b)^3$, 정리하면 $(a+2b)^3=a^3+3a^2(2b)+3a(2b)^2+(2b)^3=a^3+6a^2b+12ab^2+8b^3$이 되겠지?

또 다른 연습! $(a+b-2c)^2$는 어떻게 전개할까? $(a+b+c)^2=a^2+b^2+c^2+2ab+2bc+2ca$에서 c 대신 $-2c$가 들어갔다고 생각하고 전개하면 된단다. 즉, $(a+b-2c)^2=(a+b+(-2c))^2=a^2+b^2+(-2c)^2+2ab+2b(-2c)+2(-2c)a$, 정리하면, $a^2+b^2+4c^2+2ab-4bc-4ca$로 정리할 수 있어.

조금 복잡하지만 곱셈공식을 이용해 다양한 식을 전개하는 방법을 잘 알 수 있겠지? 여기는 연습 또 연습이 필요한 단원이야. 처음엔 누구나 어색하고 헷갈리고 잘 못할 수밖에 없어. 하지만 조금만 연습하면 곱셈공식도 구구단처럼 익숙해질 거야.

예제 

다음을 간단히 해 보자.

1. $(x-2y)(x+2y)$

→

2. $(2x-3y)^2$

→

3. $(x-1)(x^2+x+1)$

→

4. $(2x+1)(4x^2-2x+1)$

→

5. $(2x+3)^3$

→

6. $(3x-1)^3$

→

7. $(x+y+1)^2$

→

8. $(x-y+2z)^2$

→

곱셈공식의 변형

원칙을 공부했다면 이제 응용을 할 차례지? 곱셈공식의 변형은 방금 배운 곱셈공식에서 모양만 바꾸면 된단다. 주인공만 바뀌는 셈이지. 앞서 배운 곱셈공식을 떠올리며 진행하면 쉽고, 합과 곱 혹은 차와 곱의 값을 이용해 주어진 식에 대입하는 문제가 출제된단다.

자, 그럼 이제 각 곱셈공식의 변형이 어떻게 만들어진 공식인지, 지금부터 하나하나 확인해 볼 거야. 이때 선생님이 강조하고 싶은 건 절대로 억지로 외우려고 하면 안 되고 곱셈공식을 떠올리며 공식을 만들어야 한다는 점이야. 그럼 지금부터 살펴보자.

$$\begin{cases} a^2+b^2=(a+b)^2-2ab \\ a^2+b^2=(a-b)^2+2ab \\ (a+b)^2=(a-b)^2+4ab \end{cases}$$

$$\begin{cases} a^3+b^3=(a+b)^3-3ab(a+b) \\ a^3-b^3=(a-b)^3+3ab(a-b) \end{cases}$$

$$a^2+b^2+c^2=(a+b+c)^2-2(ab+bc+ca)$$

곱셈공식의 변형은 무조건 외우는 것이 아니라 우리가 앞서 배운 공식을 발전시켜 만들어 가는 공식이야. 예컨대 $a^2+b^2=(a+b)^2-2ab$를 볼까? $(a+b)^2=a^2+2ab+b^2$라는 공식에서, 좌변과 우변에 $-2ab$를 더하면 $(a+b)^2-2ab=a^2+2ab+b^2-2ab$이니까 $(a+b)^2-2ab=a^2+b^2$가 되고, 좌변과 우변을 동시에 바꾸면 $a^2+b^2=(a+b)^2-2ab$가 되지.

나머지 식들도 마찬가지야. $a^2+b^2+c^2$은 $(a+b+c)^2$의 곱셈공식에서 $2(ab+bc+ca)$를 빼면 된단다. 전개한 식에서 좌변과 우변을 비교해 무엇을 더해야 같아지는지 고민해서 식을 결정하면 이해가 쉬워.

예제 

1. $x+y=3$, $xy=1$일 때, 다음 식의 값을 구해 보자.

(1) x^2+y^2

→

(2) $(x-y)^2$

→

(3) x^3+y^3

→

2. $x-y=2$, $xy=1$일 때, x^3-y^3의 값을 구해 보자.

→

3. $x+y+z=2$, $xy+yz+zx=1$일 때, $x^2+y^2+z^2$의 값을 구해 보자.

→

02 나머지 정리

#방정식, #항등식, #항등식과_같은_의미를_가지는_다른_표현, #항등식의_성질, #계수비교법, #수치대입법, #조립제법, #나머지_정리

자판기에서 음료수를 살 때를 떠올려 보자. 500원짜리 음료수를 사려면 500원 동전 하나를 자판기에 넣어야겠지? 그런데 만약 100원짜리 동전 하나를 넣어도 음료수가 나오는 자판기가 있다면 어떨까? 어떤 동전을 넣든 음료수가 나오는 자판기 말이야. 이 마법의 자판기가 바로 '항등식'이야.

항등식

수학에서 흔히 등식, 즉 등호 '='가 들어간 식의 종류는 두 가지로 분류해. 바로 항등식과 방정식! 위에서 제시한 예를 보면서 눈치챘겠지만, 항등식과 방정식을 비교하면서 각각의 의미를 생각해 보자.

항등식이란 x의 값에 상관없이 항상, 성립하는 등식을 의미해. 어떻게 그런 식이 있을 수 있냐고?

$$3x+1=3(x-1)+4$$

이 식을 살펴보자. 우변의 식을 정리하면 좌변과 같아지지? 이 식에서는 x에 무엇을 넣든 항상 성립이 된단다. 우리가 앞서 배운 곱셈공식, $(x-1)(x+1)=x^2-1$과 같은 식도 항등식이라고 할 수 있어. 항등식을 묻는 문제에서는 등식을 만족하는 x를 구하라는 질문을 하지 않아. 모든 x에 대해 성립하는 식이기 때문이지. 따라서 주로 정해지지 않은 계수를 구하라는 식으로 출제가 돼.

$$x-1=4$$

반면 이 식을 볼까? 이 식은 x가 5일 때만 성립이 되는 식이야. 바로 이렇게 특정한 x의 값에 대해서만 성립하는 등식은 방정식이라고 해. 방정식은 항등식과는 다르게 등식을 만족하는 x의 값을 구하라는 문제로 출제가 되지.

항등식과 같은 의미를 가지는 다른 표현

x에 대한 항등식, 수학에서는 이와 같은 의미를 가지는 다른 표현들이 있어. 문제를 풀기 전에 이 의미를 생각해 보면서 문제에서 무엇을 묻는지 확인하면 더욱 쉽게 문제를 풀 수 있단다.

x에 대한 항등식은 x가 뭐든 성립하는 식이고, '모든 n에 대해 성립한다'는 의미라고 했지? x에 어떤 값을 대입하든 성립한다는 뜻이기도 하고! 수학에서 '임의의'라는 말은 '모든'과 같은 뜻이야. 즉 x에 대한 항등식이란 '모든(임의의) x에 대해 성립한다'거나, 'x의 값에 관계없이 항상 성립', 'x에 어떠한 값을 대입해도 항상 성립'하는 식과 동일한 의미야.

그렇다면 x에 대한 항등식만 있는 걸까? 아니야. 예를 들어 $3y+1=3(y-1)+4$는 모든 y에 대해 항상 성립하니까, y에 대한 항등식이라 할 수 있겠지? 이렇게 어떤 문자에 관한 항등식인지는 문제에서 물어 보기 나름이니 문제를 잘 살펴야 해.

항등식의 성질

이렇게 항등식은 모든 x에 대해 성립하는 식이라는 것만 알면 항등식을 다룰 때 도움이 되는 두 가지 성질을 쉽게 이해할 수 있어. 바로 주변을 0으로 만드는 폭탄과 끼리끼리 같다는 성질이야.

성질 1. x에 대한 항등식에서

$$ax+b=0 \iff a=0,\ b=0$$

$ax+b=0$을 만족하는 a, b는 0이다.

첫 번째 성질은 바로 주변을 0으로 만드는 폭탄의 성질이야. 위와 같은 x에 대한 항등식에서 한 변이 0이면 x를 기준으로 앞, 뒤의 숫자도 모두 0이라는 뜻이지. 다시 말하면 좌변의 x가 무엇이 되든 항상 계산한 결과는 우변의 0이 되어야 하므로, $a=0$, $b=0$이 되어야 해. a, b가 주변을 0으로 만드는 폭탄 역할을 하는 셈이지.

왜 그럴까? 이 성질을 조금 더 수학적으로 살펴보면, $ax+b=0$이 x에 대한 항등식일 때, x에 어떤 값을 대입해도 항상 성립한다고 했지? 그렇다면 x에 0, 1을 대입해 보자. 이 식에서 a가 0이면 x에 0을 대입하면 b도 0이 나오고, 1을 대입해도 b는 역시 0이 나오므로 $a=0$, $b=0$라는 결론이 도출돼. 다른 값을 대입하면 안 되냐고? 당연히 된단다. 어떤 값을 대입해도 항상 성립한다고 했으니 $x=2, 100, 1000 \cdots$ 무엇을 대입해도 상관없지만 굳이 계산이 복잡해지는 값을 대입할 필요는 없겠지? 그래서 쉬운 숫자인 0과 1을 대입한 거란다.

성질 2. x에 대한 항등식에서

$$ax+b=a'x+b' \iff a=a', b=b'$$

$ax+b=a'x+b'$를 만족하는 조건은 $a=a', b=b'$이다.

두 번째 성질은 끼리끼리 같다는 성질이야. 즉, x가 무엇이 되든 항상 좌변과 우변이 같아야 하므로 x끼리 같고, x가 들어가지 않은 부분끼리 같다고 보아 $a=a'$, $b=b'$이 된다는 뜻이지. 좌변과 우변을 비교해 x를 기준으로 동류항을 찾아 끼리끼리 같다고 생각하면 쉬워.

x에 대한 항등식에 관한 문제가 나오면, 위에서 정리한 항등식의 성질 두 가지를 기억하고 이용하면 된단다. 이 성질이 어떤 이유에서 나온 것인지 수학적으로 조금 더 자세하게 살펴보면 이해가 쉬울 거야!

어떻게 계산해야 할까?

항등식을 계산하려면 미정계수법을 사용해야 해. 미정계수법, 말이 좀 어

용어 정리

항등식 x의 값에 상관없이 항상 성립하는 등식

항등식의 성질

① 폭탄의 성질 : x에 대한 항등식에서 x를 기준으로 앞, 뒤의 숫자는 모두 0이다.

② 끼리끼리 같다 : x가 무엇이든 항상 좌변과 우변이 같으므로, 동류항끼리 같다.

렵지? 미정계수법이란 말 그대로 정해지지 않은 계수를 구하는 방법이란다. 즉, 항등식의 성질을 이용해 정해지지 않은 계수를 구하는 방법이라고 생각하면 돼. 미정계수법은 크게 두 가지가 있어. 계수비교법과 수치대입법!

먼저 계수비교법이란 항등식의 양변에서 동류항, 즉 문자와 차수가 같은 항을 비교해 미정계수를 정하는 방법이야. 여기서 미정계수란 정해지지 않은 계수, 가령 $ax+b=0$이라는 x에 대한 항등식에서 a와 b를 뜻해. 계수비교법에서는 앞서 배운 항등식의 성질 두 가지, 즉 폭탄과 끼리끼리 같다는 성질을 이용한단다.

한편 수치대입법이란 항등식의 양변에 임의의 수를 대입해 식을 이끌어내서 미정계수를 정하는 방법이야. 이 방법은 x에 어떠한 값을 대입해도 항상 성립한다는 항등식의 정의를 이용한 방법으로, 식이 괄호로 많이 묶여 있을 때 계산이 쉬운 숫자를 대입하면 돼.

두 방법 중 언제 어떤 방법을 쓰냐고? 사실 똑같은 문제라도 계수비교법과 수치대입법 모두를 사용할 수 있어. 다만 어떤 경우에 어떤 방법을 쓰는 게 더 쉽고 빠르게 풀 수 있는지 판단하면 효율적으로 문제를 풀 수 있지. 한번 직접 살펴볼까?

x에 대한 항등식 $2x+a=bx-1$에서 두 상수 a, b의 값은?

계수비교법으로 문제를 푼다면 이 문제는 항등식의 끼리끼리 같다는 성질을 이용하면 간단해. $2x=bx$이고, $a=-1$이니까, 정답은 $b=2$, $a=-1$이야. 반면 수치대입법으로 문제를 푼다면 x에 0을 대입해서 $0+a=0-1$, $a=-1$이고, x에 1을 대입하면 $2+a=b-1$, $a=-1$이므로 $b=2$!

x에 대한 항등식 $(x+1)a+3x+b=0$ 에서 두 상수 a, b의 값은?

이런 문제에서는 어떻게 해야 할까? 계수비교법으로 문제를 푼다면 먼저 x와 x가 아닌 것끼리 묶어서 정리를 해야 해. 즉, $(a+3)x+a+b=0$으로 정리한 뒤에 폭탄 성질을 이용하면, $a+3=0$이니 $a=-3$이고 $a+b=0$이니 $b=-a=3$이 된단다.

수치대입법으로도 풀어 볼까? x에 -1을 대입하면 $0-3+b=0$이니 $b=3$이고, x에 0을 대입하면 $a+b=0$이니 $a=-b=-3$이야. 이때, x에 어떤 값을 대입하든 상관없어. 하지만 대입한 후에 계산이 좀 더 쉬워지는 값을 대입하는 게 유리해.

x에 대한 항등식 $x^2-ax+4+3x-2b+cx^2=0$ 에서
두 상수 a, b, c의 값은?

먼저 계수비교법으로 문제를 풀어 보자. x^2, x, 아닌 것끼리 묶어서 정리부터 해야 해. 즉, $(1+c)x^2+(-a+3)x+(4-2b)=0$이지. 그 다음 폭탄 성질을 이용하면 x^2와 x, 상수 부분 모두 0이 되니 $a=3$, $b=1$, $c=-1$이야. 이 문제도 수치대입법으로 문제를 풀 수 있어. 하지만 계수비교법이 훨씬 쉽고 빠르기 때문에 굳이 수치대입법을 사용할 필요는 없단다.

예제

다음 등식의 x에 관한 항등식일 때, 상수 a, b, c를 구해 보자.

1. $ax(x-1)+b(x-1)(x+1)+c(x+1)x=x^2-x+1$

→

2. $(x-1)(ax+2)=3x^2+bx+c$

→

다항식과 다항식의 나눗셈

앞서 다항식과 다항식의 덧셈과 뺄셈, 곱셈을 공부했으니 이번엔 다항식과 다항식을 나누는 방법에 대해 정리해 볼 거야. 크게 세 가지 방법이 있단다. 직접 나누는 방법, 나머지정리, 조립제법! 이 세 가지 방법은 잘 익혀두었다가 문제에 주어진 상황에 따라 더 유용한 방법을 사용하면 돼. 어떤 문제에 어떤 방법을 사용하는지는 세 방법을 모두 배운 뒤에 정리해보기로 하고, 우선 직접 나눔 방법부터 살펴보자.

직접 나눔

초등학교 때 배웠던 자연수와 자연수의 나눗셈, 기억하니? 연습삼아 340÷7을 계산해 볼까? 쉬운 듯 보여도 이 원리가 다항식과 다항식의 나눗셈을 할 때 똑같이 적용되니까 다시 한 번 확인하고 넘어가는 게 좋단다.

```
     4 8
  ┌──────
7 ) 3 4 0
    2 8
  ──────
      6 0
      5 6
  ──────
        4
```

몫은 48, 나머지는 4가 됐지? 여기서 나눗셈의 다섯 가지 원리를 기억하면, 다항식의 나눗셈에도 적용할 수 있어. 바로 첫 번째, 높은 자리부터 낮은 자리로 진행한다. 두 번째, 위에서 아래를 빼면서 진행한다. 세 번째, 한 번 나눌 때마다 다음 한 자리씩 내리면서 진행한다. 네 번째, 나머지가 나누는 수보다 작을 때(위의 그림에서는 나머지 4가 나누는 수 7보다 작지?) 나눗셈을 멈춘다. 마지막으로 검산식으로 표현해 검산한다(검산식 : 340=7 ×48+4 확인, 끝)!

초등학교 때 배웠던 게 새록새록 기억이 나지? 그러면 이번엔 다항식과 단항식의 나눗셈을 해 보자. 방금 알려준 자연수의 나눗셈과 원리는 완전히 똑같아. 다만 식을 내림차순으로 정리해서 세로셈을 시작하고, 없는 차수의 자리에는 0을 채워 넣어야 해. 또 나머지의 차수가 나누는 식의 차수보다 작으면 나눗셈을 멈추면 되지. 나눗셈이 끝난 뒤에는 검산식도 반드시 잊지 말고!

그럼 $(4x^2+6x+1)\div2x$를 풀어 볼까? 먼저 식을 내림차순으로 정리해야 해. 그런 다음 몫의 첫 번째는 $2x$를 쓴 뒤 위에서 아래 식을 빼자. $2x$에 무엇을 곱하면 $4x^2$이 될까? $2x\times2x=4x^2$이므로, $2x$가 되겠지? 이제 그 다음 항인 $6x$를 내리는 거야. $2x$에 무엇을 곱하면 $6x$가 될까? $2x\times3=6x$이므로, 3! 그럼 몫에서 그 다음 자리에 3을 쓰면 된단다. 이때 1은 같이 내리면 절대 안 돼. 한 자리씩만 내려야 하거든. 그 뒤 역시 위에서 아래 식을 빼주고, 다음 항인 1을 내리면 나눗셈은 끝!

$$
\begin{array}{r|lllll}
 & 2x & + & 3 & & \\
\hline
2x\,) & 4x^2 & + & 6x & + & 1 \\
-\,) & 4x^2 & & & & \\
\hline
 & & & 6x & & \\
-\,) & & & 6x & & \\
\hline
 & & & & & 1
\end{array}
\quad \text{나머지}
$$

그런데 나눗셈이 끝난 것은 어떻게 알 수 있을까? 나눗셈의 네 번째 원리 기억나니? '나머지가 나누는 수보다 작을 때 나눗셈을 멈춘다'였지? 마지막에 나온 1이 나누는 식인 $2x$보다 차수가 작잖아. 1은 상수니까 x에 관해 0차식이고 나누는 식은 x의 1차식, 다시 말하면 나머지의 차수가 나누는 식의 차수보다 작으니 나눗셈을 멈추면 된단다. 정리하자면 다항식의 나눗셈도 자연수의 나눗셈과 똑같은 방법으로 하되, 자연수의 나눗셈에서는 (나머지)<(나누는 수)이지만, 다항식의 나눗셈에서는 (나머지의 차수)<(나누는 식의 차수)라는 사실을 기억하면 돼.

그럼 마지막으로 몫과 나머지를 말해 보고, 계산이 맞았는지 검산식으로 확인할까? 몫은 $2x+3$이고, 나머지는 1이지? 검산식은 $4x^2+6x+1=2x(2x+3)+1$! 완벽해.

자, 이제 조금 더 복잡한 경우인데, 다항식과 다항식을 나눠 볼 거야. 여기까지 아주 잘 따라와 줬으니, 앞으로도 쉽게 따라할 수 있을 거야. 지금부터 함께 살펴보자.

$$
\begin{array}{rrrrrrr}
 & & 3x^2 & - & 6x & + & 14 \\
\cline{3-7}
x+2 &) & 3x^3 & + & 0 & + & 2x + 25 \\
 & -) & 3x^3 & + & 6x^2 & + & 2x + 25 \\
\cline{3-7}
 & & & - & 6x^2 & + & 2x \\
 & & -) & - & 6x^2 & - & 12x \\
\cline{4-7}
 & & & & & & 14x + 25 \\
 & & & & & -) & 14x + 28 \\
\cline{6-7}
 & & & & & & -3 \text{ 나머지}
\end{array}
$$

$(3x^3+2x+25)\div(x+2)$를 시작해 볼까? 우선 $(3x^3+2x+25)$, $(x+2)$ 모두 x에 관한 내림차순으로 정리되어 있는지 확인해 보자. 그런데 관찰력이 좋은 친구들이라면 무언가 특이한 점을 알았을 거야. 위의 식에서 세로

용어 정리

나눗셈의 다섯 가지 원리

① 높은 자리에서 낮은 자리로 진행한다.

② 위에서 아래를 빼면서 진행한다.

③ 한 번 나눌 때마다 다음 한 자리씩 내린다.

④ 나머지가 나누는 수보다 작을 때 계산을 멈춘다.

⑤ 검산식으로 표현해 검산한다.

셈을 할 때, 왜 중간에 0을 채워 넣는 것일까?

그 이유는 바로 나눗셈은 높은 자리부터 한 자리씩 내리면서 단계별로 진행하는 게 원칙이기 때문이야. 예를 들어 3075÷7을 계산할 때 100의 자리에 0을 쓴 것처럼, x^2이 없지만 그 자리에 0을 대신 채워 넣은 뒤에 나눗셈을 해야 한 자리씩 내리면서 순차적으로 나눗셈을 진행할 수 있어. 그럼 본격적으로 나눗셈을 시작해 보자.

$3x^3$ 자리에 몫으로 들어갈 수는 뭐가 될까? 즉, x에 뭘 곱하면 $3x^3$이 될까? $x\times3x^2=3x^3$이므로 $3x^2$이지? 이때, $3x^2$은 $(x+2)$의 모든 항에 곱해야 해. 따라서 $3x^2(x+2)=3x^3+6x^2$를 빼면 된단다. 빼는 과정은 세로셈을 참고하고, 그 다음엔 $2x$를 내려 나눗셈을 진행하는 거야. 한 번 나눌 때마다

꿀팁

계수를 이용한 다항식의 나눗셈

계수를 이용해 간편하게 나누는 방법도 있어! 간단하지만 과정이 많이 생략되어 있으니 확실하게 알아두어야 헷갈리지 않아.

		3	−6	14	
1	2)	3	0	2	25
	−)	3	6		
			−6	2	
		−)	−6	−12	
				14	25
			−)	14	28
					−3 나머지

$\therefore$ 몫 : $3x^2-6x+14$

나머지 : -3

① $(3x^3+2x+25)\div(x+2)$에서 계수만 모아서 나눗셈하듯 쓴다.

② 차수는 완전히 배제하고, 계수끼리 나눈다는 생각으로 나눗셈을 똑같이 해나간다.

③ 마지막에 남는 -3이 나머지가 되고, 맨 위에 남은 3, -6, 14는 14부터 3까지 거꾸로 x에 관한 0차, 1차, 2차식을 의미하기 때문에 $3x^2-6x+14$라고 쓰면 끝!

그 다음 한 자리씩 내리면서 진행하기로 한 건 기억하지?

그 다음엔 $-6x$를 $(x+2)$에 모두 곱해야 해. 즉, $(-6x)\times(x+2)=-6x^2-12x$를 그 다음에 쓰면 되겠지? 역시 위에서 아래를 빼주면 $14x$만 남고 다음 자리인 25를 내리자. 자, 그럼 이제 나눗셈이 끝난 걸까? 나눗셈의 네 번째 원리 나머지가 나누는 수보다 작을 때 나눗셈을 멈춘다 기억나지? $14x+25$의 차수는 1차, 나누는 식도 $x+2$로 1차식이니까 (나머지의 차수)$<$(나누는 식의 차수)가 될 때까지 한 번 더 나눗셈 진행!

그렇다면 $3x^2-6x$ 다음에 몫으로 들어갈 수는 뭐가 될까? 즉, x에 뭘 곱하면 $14x$가 될까? $x\times14=14x$이므로 14야. 14를 $(x+2)$에 곱하면 $14(x+2)=14x+28$이 되고, 역시 위에서 아래를 빼면 -3만 남아. 그렇다면 이제 진짜 나눗셈은 끝난 거겠지?

예제 

다음 식을 직접 나눈 뒤 몫과 나머지를 구하고 검산식으로 나타내 보자.

1. $(3x^3-x^2+x+4)\div(x-1)$

⇢

2. $(x^4-x^2+2x+3)\div(x^2+x+1)$

⇢

마지막으로, 몫과 나머지를 말해 보고, 검산식으로 나타낼까? 몫은 $(3x^2-6x+14)$, 나머지는 -3, 검산식, $(3x^3+2x+25)=(x+2)(3x^2-6x+14)-3$이야.

나머지정리

다항식과 다항식을 나누었을 때 나머지를 구하는 또 다른 방법! 나머지정리를 살펴보자. 나머지정리는 직접 나누는 방법에 비해 나머지를 매우 쉽게 구할 수 있다는 장점이 있어. 또한 몫을 굳이 구하지 않고 나머지만 알면 될 때 많이 사용하는 방법이지. 다소 어려워 보이지만 이해하고 나면 직접 나누는 방법에 비해 훨씬 간결하고 쉬워. 우선 나머지정리에 숨어 있는 원리를 이해해야 하는데, 신기한 나머지정리의 비밀은 바로 검산식에 있단다!

$$(x^2+x+3)\div(x-1)$$

이 다항식의 나눗셈을 검산식으로 표현해 볼까?

$$x^2+x+3=(x-1)\times Q(x)+R$$

여기서 $Q(x)$는 몫, $R(x)$는 나머지를 뜻해. 이때 Q, R 대신에 $Q(x)$, $R(x)$라 표현한 이유는 몫과 나머지 모두 x로 이루어진 식이니 그냥 Q, R 대신 $Q(x)$, $R(x)$로 설정한다는 사실도 기억하면 좋겠지?

참고로 이 문제의 경우, $R(x)$ 대신 R이라고 나머지를 표현한 이유를 생각해 볼까? 이 문제에서 나누는 식은 $(x-1)$으로 일차식이야. 나눗셈의 기본 성질에 의하면 (나머지의 차수)<(나누는 식의 차수)이므로, 결국 나머지는 x에 대한 일차식보다 작은 다항식인 상수항이 되어야 해. 그래서

$R(x)$ 대신 x가 들어가지 않은 상수라는 의미에서 R이라고 표현한 것이지. 수학은 기호에 많은 내용을 담고 함축해 표현하는 과목이며, 기호 하나하나도 모두 의미 있게 쓰인 것이란다. 이 의미를 잘 이해하고 기호를 능숙하게 쓸 줄 알아야 수학이 쉬워져.

자, 그럼 이번엔 검산식을 계산해 보자. 검산식은 항등식이야. 따라서 항등식의 정의인 x에 어떤 값을 대입해도 항상 성립한다는 사실을 이용하면, 검산식의 양변에 $x-1$을 대입해도 성립하겠지?

$$1+1+3=0\times(\text{몫})+(\text{나머지})$$

이때 x에 1을 대입한 이유는 무엇일까? x에 1을 대입하면 몫과 곱해진 부분이 0이 되니까, 몫을 굳이 구하지 않더라도 이 부분이 없어지고 나머지만 남아. 즉, 몫을 모르는 상태에서도 나머지를 구할 수 있지.

마지막으로 정리해서 나머지를 구해 볼까?

$$(\text{나머지})=1+1+3=5$$

결과적으로 (x^2+x+3)에 $x-1=0$을 만족하는 수 1을 대입하면, $1+1+3$은 5이니 나머지가 5라는 사실을 확인할 수 있지? 이게 바로 나머지정리란다. 나누는 식을 0으로 만드는 x의 값을 대입해 나머지를 구하는 방법이지. 정리하면 이렇단다.

다항식 $f(x)$를 일차식 $(x-a)$로 나누었을 때,
$(x-a)=0$을 만족하는 x의 값을 $f(x)$에 대입하면 나머지$=f(a)$

다항식 $f(x)$를 일차식 $(x+a)$로 나누었을 때,
$(x+a)=0$을 만족하는 x의 값을 $f(x)$에 대입하면 나머지$=f(-a)$

$$\text{다항식 } f(x)\text{를 일차식 } (ax-b)\text{로 나누었을 때,}$$

$$(ax-b)=0\text{을 만족하는 } x\text{의 값을 } f(x)\text{에 대입하면 나머지}=f\left(\frac{b}{a}\right)$$

나머지정리에 대해 확실히 이해할 수 있겠지? 그런데 여기서 궁금한 점이 하나 생겼을 거야. 나머지정리는 과연 일차식으로 나눌 때에만 쓸 수 있을까? $(x^3+x+3)\div(x^2-1)$과 같이 이차식으로 나누는 경우엔 나머지정리를 써서 나머지를 구할 수는 없을까?

물론 가능하단다. 일차식으로 나누는 경우에 비하면 다소 복잡한 과정을 거치긴 하지만, 원칙만 잘 지켜 연습하면 어렵지 않아.

$$(x^3+x+3)\div(x^2-1)$$

위의 나눗셈에서 나머지는 무엇일까? 마찬가지로 먼저 이 상황을 검산식으로 표현해야 해.

연립방정식 미리 보기

중학교 2학년 때에 배웠던 미지수가 2개인 연립일차방정식! 물론 이 책의 뒷부분 연립방정식 단원에서 제대로 공부하겠지만, 잠깐 짚고 넘어가 보자. 미지수가 2개인 연립일차방정식의 핵심은 두 식을 더하거나 빼면서 문자를 줄여야 해. 위의 경우엔 두 식을 더하면 자연스럽게 a가 없어지겠지?

$$\begin{array}{r} \begin{cases} a+b=5 \\ -a+b=1 \end{cases} \\ \hline 2b=6,\ b=3 \end{array}$$

이렇게 해서 b의 값을 먼저 구하고, 이제 남은 a의 값은 앞에서 구한 $b=3$을 식에 다시 대입해서 구하면 된단다.

$$a+3=5,\ a=2$$

$a=2$, $b=3$이라는 답을 구했지? 이 부분은 방정식 단원에서 다시 다룰 거야.

$$(x^3+x+3)=(x^2-1)\times Q(x)+R(x)=(x+1)(x-1)\times Q(x)+R(x)$$

여기서 $Q(x)$는 몫, $R(x)$는 나머지를 뜻한다는 건 이제 알지? 그런데 여기서 앞에서와는 다르게 R 대신 $R(x)$로 쓴 이유는 무엇일까?

바로 우리가 지금 이차식 (x^2-1)로 나누는 중이기 때문이야. (나누는 식의 차수)>(나머지의 차수)라는 사실, 알고 있지? 따라서 나머지 $R(x)$의 차수는 나누는 식인 (x^2-1)보다 작은 차수를 가질 것이고, 따라서 나머지 $R(x)$는 일차식 또는 상수항(일차 이하의 다항식)이라고 생각할 수 있단다. 물론 나머지가 상수항이라면 R이라고 써도 상관없지만, 일차식이라면 x에 관한 식이라는 의미에서 $R(x)$라고 쓰는 게 맞겠지? 그래서 이때는 R 대신 $R(x)$라고 하는 게 정확한 표현이야.

자, 이제 나머지 $R(x)$를 구해 볼까? 먼저 나머지 $R(x)$는 일차 이하의 다항식이라고 언급했지? 따라서 $R(x)=ax+b$라고 설정할 수 있단다. 만

예제 

나머지정리를 이용해 나머지를 구해 보자.

1. $(3x^3-x^2+x+4)\div(x-2)$

⇢

2. $(x^4-x^2+2x+3)\div(x+1)$

⇢

3. $(x^3-x^2-x+1)\div(x-1)(x-2)$

⇢

약 $a=0$이라면 나머지는 상수가 될 것이고, $a\neq0$이라면 나머지는 일차식이 되겠지? 어쨌든 무엇인지는 아직 모르니까 일단 $R(x)=ax+b$라고 설정할 거야. 그냥 바로 나누면 되지 복잡하게 왜 나머지를 설정하냐고? 우리 목표는 몫이 아닌 나머지를 구하는 것이니 구하고자 하는 것을 구체적으로 설정하고 관련된 식을 세워나가는 건 당연한 일이야. 그럼 설정한 나머지를 이용해 검산식으로 다시 표현해 볼까?

$$(x^3+x+3)=(x+1)(x-1)\times Q(x)+(ax+b)$$

검산식은 x의 값이 무엇이든 항상 성립하는 항등식이야. 따라서 항등식의 원칙인 x에 어떤 값을 대입해도 항상 성립한다는 사실을 이용하면, 검산식의 양변에 $x=1$, $x=-1$을 대입해도 성립하겠지? $x=1$, $x=-1$을 대입해서 정리해 보자.

$$x=1\text{이면 } 1+1+3=0\times(\text{몫})+a+b \Rightarrow a+b=5$$
$$x=-1\text{이면 } -1-1+3=0\times(\text{몫})-a+b \Rightarrow -a+b=1$$

잠깐, 지금 뭘 하고 있는 거냐고? 우리 목표는 a, b를 구해서 나머지 $ax+b$를 구하는 거란다. 따라서 마지막으로 두 식을 정리해서 a, b를 구한 뒤에는 반드시 나머지를 완성해야 해. 이제 나머지정리를 이용해 이차식으로 나눈 나머지까지도 구할 수 있지?

$a+b=5$, $-a+b=1$를 연립하면,

$$+\begin{cases} a+b=5 \\ -a+b=1 \end{cases}$$

$2b=6$, $b=3$

위의 식에 $b=3$을 대입하면, $a=2$

$\therefore\ R(x)=ax+b=2x+3$

조립제법

다항식과 다항식을 나누었을 때 몫과 나머지를 구하는 마지막 방법, 조립제법에 대해 살펴보자. 조립제법은 다항식을 일차식으로 나눌 때, 계수만을 이용해 몫과 나머지를 구하는 방법을 의미해. 계수만을 이용해 직접 나누는 방법은 앞에서 배웠지? 그 방법과 비교하면서 조립제법을 익혀 보자.

$$(x^3+2x^2-x+4)\div(x-2)$$

위 식을 앞서 배운 대로 직접 나누면 어떻게 될까?

$$
\begin{array}{rr|rrrr}
 & & 1 & 4 & 7 & \\
\hline
1 & -2 & 1 & 2 & -1 & 4 \\
 & -) & 1 & -2 & & \\
\hline
 & & & 4 & -1 & \\
 & & -) & 4 & -8 & \\
\hline
 & & & & 7 & 4 \\
 & & & -) & 7 & -14 \\
\hline
 & & & & & 18
\end{array}
\quad \text{나머지}
$$

이제 이걸 조립제법으로 나눠 볼 거야. 먼저 조립제법은 계수를 먼저 쓴 뒤 니은자를 크게 그리고, 제일 왼쪽엔 나누는 식 $(x-2)$를 0으로 만드는 수, 즉 2를 쓰면 된단다.

$$
\begin{array}{r|rrrr}
2 & 1 & 2 & -1 & 4 \\
 & 1 & 2 & 8 & 14 \\
\hline
 & 1 & 4 & 7 & \fbox{18}
\end{array}
\quad \text{나머지}
$$

$\longleftarrow$ 몫

그 뒤, 맨 처음에 나오는 숫자 1은 그냥 내리고 그 다음부터 나오는 숫자는 2와 곱해서 니은자 위쪽으로 써야 해. 그리고 순차적으로 위에서 아래를 더하면서 다음 칸으로 같은 과정을 진행해. 마지막에 나오는 숫자 18이 나머지고, 그 옆에 있는 1, 4, 7을 계수로 생각하고 오른쪽부터 왼쪽으로 차수를 올려가며 정리하면 몫이 된단다. 즉, 몫은 x^2+4x+7이지!

직접 나누는 방법과 조립제법의 공통점은 계수만 쓴 뒤, 계수끼리 나눈다는 점이야. 또한 마지막에 남는 게 나머지고, 오른쪽에서 왼쪽으로 0차, 1차, 2차 등 점점 차수를 높여가며 몫을 정리한다는 점도 비슷하지.

한편 차이점은 직접 나누는 방법에서는 위에서 아래로 빼면서 진행을 하지만, 조립제법에서는 위에서 아래로 더하면서 진행을 한다는 점이란다. 다시 한 번 해 볼까?

예제 

조립제법을 이용해 몫과 나머지를 구해 보자.

1. $(x^3-x^2-x+1)\div(x-1)$

⇢

2. $(x^4+2x-1)\div(x+1)$

⇢

3. $(4x^3+x-1)\div(2x+1)$

⇢

$$(x^3-x+4)\div(x+1)$$

이 나눗셈의 몫과 나머지를 구하면,

$$\begin{array}{r|rrrr} -1 & 1 & 0 & -1 & 4 \\ & & -1 & 1 & 0 \\ \hline & 1 & -1 & 0 & \boxed{4} \end{array}$$

나머지: 4

몫: x^2-x

이때 주의해야 할 점이 있어. (x^3-x+4)에서 x^2항은 없지만 계수를 쓸 때에는 이 자리에 자릿값으로 0을 대신 채워 넣고 조립제법을 써야 해. 또 다른 예제를 통해 조립제법을 심화해 연습해 보자.

$$(2x^3+3x^2+4)\div(2x-1)$$

$$\begin{array}{r|rrrr} \frac{1}{2} & 2 & 3 & 0 & 4 \\ & & 1 & 2 & 1 \\ \hline & 2 & 4 & 2 & \boxed{5} \end{array}$$

나머지: 5

몫: $2x^2+4x+2$ (×)

x^2+2x+1 (○)

용어 정리

직접 나눔, 나머지 정리, 조립제법의 장점과 단점

방법	장점	단점
직접 나눔	정통적인 방법, 몫과 나머지를 다 구할 수 있다.	다소 복잡하다.
나머지 정리	일차식으로 나눌 때에는 아주아주 쉽게 나머지를 구할 수 있다.	이차식으로 나눌 때에 나머지 구하기가 다소 복잡하고 몫을 구하기 어렵다.
조립제법	일차식으로 나눌 때 아주 쉽게 몫과 나머지를 구할 수 있다.	이차식으로 나눌 때에는 한계가 있다.

역시 $(2x^3+3x^2+4)$에서 x항은 없지만, 계수를 쓸 때에는 이 자리에 자릿값으로 0을 대신 채워 넣고 조립제법을 써야 한단다. 또한 몫은 $(2x^2+4x+2)$라고 하면 안 되고 (x^2+2x+1)이라고 써야 해. 그 이유를 제대로 알려면, 검산식으로 표현해 보면 돼.

$$2x^3+3x^2+4=(2x^2+4x+2)\left(x-\frac{1}{2}\right)+5$$

우리가 방금 조립제법으로 표현한 나눗셈의 검산식이야. 하지만 우리가 실제로 하려고 했던 나눗셈은 $(2x^3+3x^2+4)\div(2x-1)$이었지? 이 나눗셈의 검산식은 이렇게 될 거야.

$$2x^3+3x^2+4=(\text{몫})(2x-1)+5$$

이걸 보면 알 수 있듯이 궁극적으로 하고 싶은 나눗셈은 $(2x^3+3x^2+4)\div(2x-1)$였지만, 조립제법을 사용하려면 나누는 식이 $x\pm a$의 형태여야 하기 때문에, 편의상 $(2x^3+3x^2+4)\div\left(x-\frac{1}{2}\right)$으로 계산을 했어.

따라서 이런 경우에는 $2x^3+3x^2+4=(2x^2+4x+2)\left(x-\frac{1}{2}\right)+5$에서, 몫의 2를 앞으로 빼 $2(x^2+2x+1)\left(x-\frac{1}{2}\right)+5$로 일단 만들어야 해. 그 다음 빼낸 2를 뒤로 보내서 원래 나누는 식과 같이 $(x^2+2x+1)(2x-1)+5$로 만들면 된단다. 결국 구하고자 하는 이 나눗셈의 몫은 $2x^2+4x+2$가 아닌 (x^2+2x+1)이야.

인수정리

나머지정리에 대해 앞서 배웠지? 다항식 $f(x)$를 일차식 $(x-\alpha)$로 나누었을 때, 나머지는 $f(\alpha)$라는 사실! 인수정리는 나머지정리의 특수한 경우라고 생각하면 편해. 나머지정리에서 나머지가 0일 때를 인수정리라고 하거든. 우선 중학교 1학년 때 배운 자연수에서 '인수'의 개념과, 3학년 때 배운 다항식에서 '인수'의 개념부터 짚어 볼까?

자연수에서 인수란 $a=b\times c$(a, b, c는 자연수)일 때, b, c, 즉 a를 나누는 수를 a의 인수라고 해. 가령 18의 약수는 1, 2, 3, 6, 9, 18이지? 이들은 18의 인수야. 한편 다항식에서 인수는 $A=BC$(A, B, C는 다항식)일 때, B, C, 즉 다항식 A를 나누는 식이 A의 인수이지. 예를 들어 $x(x+1)$의 인수는 $1, x, (x+1), x(x+1)$이야.

쉽게 말하자면 인수는 나누는 수나 식을 말하는 거란다. 그럼 이제 나머지정리에서 나머지가 0인 경우, 즉 나누어떨어지는 경우를 검산식으로 나타내면서, 인수정리의 내용을 정리해 보자.

$f(x)$를 $(x-1)$로 나누었을 때 나누어떨어지는 경우, 이 식의 검산식은 어떻게 될까?

$$f(x)=(x-1)Q(x)$$

이때 $f(x)$는 $(x-1)$을 인수로 갖게 된단다. 앞서 배운 나머지 정리에서 다항식 $f(x)$를 일차식 $(x-\alpha)$로 나누었을 때, $(x-\alpha)=0$을 만족하는 x의 값을 $f(x)$에 대입하면 나머지는 $f(\alpha)$이라고 했던 것 기억나니? 마찬가지로 우리는 $f(x)$를 일차식 $(x-1)$로 나누었고, $(x-1)=0$을 만족하는 값 1을 $f(x)$에 대입하면 나머지이지? 그런데 그 나머지가 0이니 $f(1)=0$이라는 것을 알 수 있어. 정리해 보면 $f(x)$를 $(x-1)$로 나누었을 때 나머지가 0

이면 $f(1)$은 0이고, 이때 $f(x)$는 $(x-1)$을 인수로 갖는다는 이야기야.

인수의 개념과 나머지정리를 결합해 생각해 보면, 모두 수학적으로 같은 의미라는 것 이해가 가지? 인수정리는 나중에 한 문자로 정리된 고차식의 인수분해에서 요긴하게 쓰인단다. 이건 뒷부분에서 다시 살펴보도록 하자.

용어 정리

인수정리와 나머지 정리

다항식 $f(x)$를 일차식 $(x-a)$로 나누었을 때, 나누어떨어지면, $f(a)=0$이다.
$f(a)=0$이면 다항식 $f(x)$는 일차식 $(x-a)$로 나누어떨어진다.

03 인수분해

#인수분해, #전개, #공통인수, #인수분해의_기본_공식, #대각선_인수분해, #인수분해의_심화_공식

중학교 1학년 때 배운 소인수분해 기억나니? 소인수분해는 자연수에서 수를 쪼개는 것이고, 인수분해는 다항식에서 식을 쪼갠다는 것만 다를 뿐 같은 개념이야. 따라서 우리가 이제부터 배울 인수분해와 소인수분해의 특징을 비교해서 공부하면 이해가 더욱 쉽단다. 더불어 소수의 개념도 함께 복습해두면 좋겠지?

소인수분해와 인수분해

소인수분해란 자연수를 소인수들의 곱으로 나타내는 것을 뜻한단다. 여기서 소인수란 어떤 수의 약수 중 소수, 즉 어떤 수의 약수 중에서도 1과 자기 자신만을 약수로 가지는 수를 뜻해. 가령 36의 약수는 1, 2, 3, 4, 9, 12, 18, 36이고, 여기서 소인수는 2와 3이지. 36을 소인수분해, 즉 36을 소인수인 2와 3의 곱으로 표현하면 $2^2\times3^2$이 되고.

마찬가지로 인수분해란 하나의 다항식을 2개 이상의 단항식이나 다항식의 곱으로 나타내는 것을 말해. 예컨대 x^2+6x+8을 $(x+4)(x+2)$로 나타내는 것을 바로 인수분해라고 하지. 여기서 인수란 인수분해를 했을 때 곱해진 각각의 식, 즉 1, $(x+4)$, $(x+2)$, $(x+4)(x+2)$를 의미한단다. 반대로 괄호로 적당히 묶여 있는 식을 풀어헤치는 것을 '전개'라고 하고.

인수분해는 고등학교 수학에서 특히 매우 중요해. 이차 이상의 방정식에서 해를 구할 때, 함수에서 교점을 구할 때 등 곳곳에서 쓰이기 때문에 인수분해를 제대로 알고 있지 않으면 마치 구구단을 제대로 못 외우는 초등학생과 같은 상황이 될 수 있단다. 중학교 3학년 때 우리는 인수분해를 처음 배웠고, 기본 공식을 이용해 인수분해를 했어. 일단 인수분해 심화 공식을 배우기 전에, 이 부분 한 번 복습하면서 기억을 되살려 볼게.

인수분해의 기본 공식

어떤 식을 인수분해하라는 문제가 나오면, 공통인수가 있는지부터 살피는 게 기본이야. 공통인수란 다항식의 모든 항에 들어 있는 인수를 뜻해. 가령 $ma-mb$라는 식을 보면 m이 공통으로 들어있지? 이 m은 공통인수이고, 이 식을 공통인수로 묶으면 $m(a-b)$가 된단다.

이 기본 원리를 익혔다면, 곱셈공식을 이용한 인수분해를 정리해 보자. 혹시 앞에서 배운 곱셈공식 기억하니? 바로 이 공식 말이야.

용어 정리

인수분해 하나의 다항식을 두 개 이상의 단항식이나 다항식의 곱으로 나타내는 것
인수 인수분해를 했을 때 곱해진 각각의 식
전개 괄호로 묶여 있는 식을 풀어헤치는 것

$$a^2-b^2=(a+b)(a-b) \iff (a+b)(a-b)=a^2-b^2$$ 합차공식

$$\left.\begin{aligned} a^2+2ab+b^2=(a+b)^2 \iff (a+b)^2=a^2+2ab+b^2 \\ a^2-2ab+b^2=(a-b)^2 \iff (a-b)^2=a^2-2ab+b^2 \end{aligned}\right\}$$ 완전제곱식

이 공식을 응용하면 쉽게 인수분해를 할 수 있어. 곱셈공식을 응용한 인수분해의 기본 공식은 이렇단다.

$$\begin{cases} x^2+(a+b)x+ab=(x+a)(x+b) \\ \qquad\Updownarrow \\ (x+a)(x+b)=x^2+(a+b)x+ab \end{cases}$$

$$\begin{cases} acx^2+(ad+bc)x+bd=(ax+b)(cx+d) \\ \qquad\Updownarrow \\ (ax+b)(cx+d)=acx^2+(ad+bc)x+bd \end{cases}$$

이렇게 식으로만 써놓으니 어떻게 적용해야 할지 난감하지? 다른 공식은 단순히 반대로 적용하면 되지만 산 모양 공식에 대해서는 설명이 더 필요할 것 같아. 풀어서 설명하자면, 곱셈공식을 반대로 활용해서 $acx^2+(ad+bc)x+bd$라는 식을 인수분해하면 $(ax+b)(cx+d)$가 된다는 걸 적용하면 돼. 이때 식의 아래에 대각선을 그리면 쉽게 인수분해를 할 수 있단다. 바로 이렇게 말이야.

$$acx^2+(ad+bc)x+bd=(ax+b)(cx+d)$$

$$\begin{matrix} a & \diagdown\!\!\!\!\diagup & +b & \Rightarrow ax+b \\ c & & +d & \Rightarrow cx+d \end{matrix}$$

이 식을 보면, a와 c는 곱했을 때 x^2의 계수가 되고, 상수항은 b와 d의 곱이지? 이렇게 각각 x^2의 계수와 상수항을 이루는 수를 차례대로 쓴 뒤, 대각선을 그려서 두 수를 곱해서 더한 값은 x의 계수가 된단다. 그러면 한

번 응용해 볼까?

$x^2+8x+15=(x+3)(x+5)$

1 +3

1 +5

곱 : 15, 합 : 8이 되려면 3과 5

$x^2-8x+15=(x-3)(x-5)$

1 −3

1 −5

곱 : 15, 합 : -8이 되려면 -3과 -5

x^2의 계수가 1이 아닌 경우에는 어떻게 하냐고? 이것도 마찬가지로 진행하면 돼. 대각선 인수분해는 인수분해의 기본 중의 기본이란다.

$3x^2-5x+2=(3x-2)(x-1)$

3 −2

1 −1

대각선의 곱을 합한 결과 : -5

$4x^2-4xy-3y^2=(2x-3)(2x+1)$

1 −3

1 +1

대각선의 곱을 합한 결과 : -4

예제 

다음 식을 인수분해해 보자.

1. $x^2+9x+14$

→

2. $x^2-12x+20$

→

3. x^2+x-20

→

4. $x^2-5x-14$

→

5. $3x^2+8x+5$

→

6. $5x^2+3x-2$

→

인수분해의 심화 공식

이번엔 역시 공식을 이용한 인수분해를 해 볼 건데, 앞서 배운 공식에 비해 다소 복잡한 공식들이야. 고등학교 1학년이 되어 새로 배우는 내용으로, 심화 공식이라고 부를게. 물론 생소하거나 어색하지는 않을 거야. 우리가 이미 앞에서 곱셈공식으로 한번 다뤘던 공식을 반대로 바꾼 것뿐이거든. 따라서 인수분해의 심화 공식은 곱셈공식을 떠올리면서 공부하면 좋아.

일단 항이 4개가 나오고, 세제곱이 등장하면? '1, 3, 3, 1 공식'을 떠올리면 돼. 또한 항이 6개 나오고 제곱 제곱 제곱이 등장했다면 '3개짜리 제곱 공식', 즉 완전제곱식을 3개로 확장한 공식을 떠올리면 되고. 항이 단출하게 2개 나오고 세제곱 세제곱이 나온다면 당연히 '그대로 공식'이지!

예제 

다음 식을 인수분해해 보자.

1. x^3-y^3

→

2. $x^3-6x^2+12x-8$

→

3. $x^2+y^2+z^2-2xy-2yz+2zx$

→

인수분해 심화 공식 ⟺ 곱셈공식

$$\begin{cases} a^3+3a^2b+3ab^2+b^3=(a+b)^3 \iff (a+b)^3=a^3+3a^2b+3ab^2+b^3 \\ a^3-3a^2b+3ab^2-b^3=(a-b)^3 \iff (a-b)^3=a^3-3a^2b+3ab^2-b^3 \end{cases}$$

$$a^2+b^2+c^2+2ab+2bc+2ca=(a+b+c)^2 \iff (a+b+c)^2=a^2+b^2+c^2+2ab+2bc+2ca$$

$$\begin{cases} a^3+b^3=(a+b)(a^2-ab+b^2) \iff (a+b)(a^2-ab+b^2)=a^3+b^3 \\ a^3-b^3=(a-b)(a^2+ab+b^2) \iff (a-b)(a^2+ab+b^2)=a^3-b^3 \end{cases}$$

일단 항이 4개가 나오고, 세제곱이 등장하면? '1, 3, 3, 1 공식'을 떠올리면 돼. 또한 항이 6개 나오고 제곱 제곱 제곱이 등장했다면 '3개짜리 제곱 공식', 즉 완전제곱식을 3개로 확장한 공식을 떠올리면 되고. 항이 단출하게 2개 나오고 세제곱 세제곱이 나온다면 당연히 '그대로 공식'이지!

치환을 이용한 인수분해

지금까지 인수분해의 기본과 심화 공식을 배웠지? 지금까지는 앞서 배운 곱셈공식을 기억하면 따라오기 쉬웠을 거야. 어느 정도 연습을 통해서 기본과 심화 공식에 익숙해졌다면 이제 복잡한 식의 인수분해를 시작해 볼까?

먼저 복잡한 식에서 중복되는 부분이 있는 때에는 공통부분을 치환하면 어떻게 인수분해 해야 할지 눈에 보이는 경우가 많단다. 치환이란 무언가를 대체한다는 의미인데, 수학에서도 공통적으로 반복되는 부분이 있을 때 새로운 문자로 대체하는 '치환'이라는 방법을 많이 써. 중학교 3학년 때에는 치환의 간단한 예를 배웠지? 고등학교에서는 이 부분을 심화해서 또 다루게 된단다.

$$(a+b)^2-4(a+b)+3$$

이 식은 그냥 인수분해하기엔 다소 복잡해 보이지? 하지만 매의 눈으로 살펴보면, $(a+b)$가 공통으로 들어가 있음을 알 수 있을 거야. 그러면 $(a+b)=X$라 치환하고, 주어진 식을 다시 한 번 써 볼래?

$$X^2-4X+3$$

이 식은 우리가 쉽게 인수분해할 수 있는 식이지?

$$X^2-4X+3=(X-3)(X-1)$$
$$X^2-4X+3=(a+b-3)(a+b-1)$$

이렇게 대각선 인수분해한 뒤에, 다시 식에 $(a+b)=X$를 대입하면 끝이야. 아주 쉽지? 그럼 이번엔 조금 더 복잡한 치환을 이용한 인수분해 문제를 풀어 볼까?

예제 

다음 식을 인수분해해 보자.

1. $(x+y-1)(x+y+3)-5$

→

2. $(x^2-2x)^2-11(x^2-2x)+30$

→

$$(x^2-x)^2+(x^2-x)-6$$

역시 매의 눈으로 살펴보면, (x^2-x)가 공통으로 들어가 있음을 알 수 있어. 따라서 $(x^2-x)=X$라 치환하고 이 식을 인수분해한 뒤, 치환한 값을 되돌려 보자.

$$X^2+X-6$$
$$X^2+X-6=(X+3)(X-2)$$
$$X^2+X-6=(x^2-x+3)(x^2-x-2)$$

여기서 잠깐, 인수분해는 끝까지 방심하면 안 돼. 관찰력이 좋은 친구라면 알 수 있겠지만, 나온 식을 또 인수분해할 수 있지? 그럴 땐 더 이상 인수분해가 되지 않을 때까지 계속 인수분해를 해야 해.

$$(x^2-x+3)(x-2)(x+1)$$

인수분해를 할 때는 될 때까지, 끝까지 해야 한다는 사실, 반드시 기억하자!

복이차식의 인수분해

다음은 복이차식의 인수분해에 대해 살펴볼 거야. 복이차식이란 말 그대로 이차식이 중복되었다는 것을 뜻해. 즉, x^4-x^2+1, x^4+3x^2+2처럼 사차항, 이차항, 상수항 등 짝수 차수로만 이루어진 식을 말하지.

복이차식의 인수분해는 우선 x^2을 X로 치환하는 것부터 시작해. 그 다음엔 치환한 식이 바로 대각선 인수분해가 가능하다면 인수분해를 하고, 만약 바로 인수분해가 어려운 경우엔 약간의 조작을 한 뒤 합차공식, 즉 $A^2-B^2=(A+B)(A-B)$를 이용해 인수분해를 한단다.

$$x^4+3x^2+2$$

이 식은 사차항, 이차항, 상수항으로 이루어진 복이차식이야. 이 식을 인수분해하려면 우선 $x^2=X$라 치환해야겠지? 그런 다음 대각선 인수분해를 해 보자.

$$x^4+3x^2+2=X^2+3X+2$$
$$X^2+3X+2=(X+2)(X+1)$$

이제 끝일까? 아니야. X는 우리가 치환하기 위해 만들어낸 문자이므로 다시 원래대로 x로 바꿔야 해. 따라서 $x^2=X$를 다시 대입해서 원래대로 만들어주면, $(x^2+2)(x^2+1)$이 되고, 이제 인수분해 끝! 어때, 간단하지?

자, 이번엔 앞서 말한 두 가지 유형 중 두 번째 유형, 즉 합차공식을 이용한 복이차식의 인수분해를 할 거야. 마찬가지로 $x^2=X$라 치환을 해 보자.

$$x^4+x^2+1$$
$$x^4+x^2+1=X^2+X+1$$

첫 번째 유형이랑 다르게 치환을 했는데도 대각선 인수분해를 할 수 없지? 이럴 땐 조작이 필요해. 이 과정에서 조작은 핵심이란다. 먼저 X^2+X+1에서 X를 살짝 가리고, X^2과 1에만 집중해 봐.

$$X^2+X+1$$
$$\hookrightarrow (X+1)^2$$

이 식이 만들어지려면 무엇을 빼야 할까? $(X+1)^2=X^2+2X+1$이니까 X를 빼면 되겠지? 그 뒤에 X는 우리가 치환하기 위해 만들어낸 문자이니까 $x^2=X$를 다시 대입하면 돼.

$$X^2+X+1=(X+1)^2-X$$
$$x^4+x^2+1=X^2+X+1=(X+1)^2-X=(x^2+1)^2-x^2$$

자, 이제 거의 다 끝났어. 이제 $A^2-B^2=(A+B)(A-B)$, 즉 합차공식을 쓸 차례야. (x^2+1)을 A로, x^2을 B로 생각하는 거지.

$$\begin{aligned}x^4+x^2+1&=(x^2+1)^2-x^2=(x^2+1+x)(x^2+1-x)\\&=(x^2+x+1)(x^2-x+1)\end{aligned}$$

예제 

다음 식을 인수분해해 보자.

1. x^4+x^2-20

→

2. x^4+5x^2+9

→

인수정리를 이용한 인수분해

앞에서 인수정리를 공부할 때 다항식 $f(x)$에서 $f(\alpha)=0$이면 다항식 $f(x)$는 일차식 $(x-\alpha)$로 나누어 떨어진다, 즉 $f(x)$는 일차식 $(x-\alpha)$를 인수로 갖는다고 했었던 것 기억나니? 이걸 인수분해에 적용해 보면, $f(\alpha)=0$이면 $f(x)=(x-\alpha)$(다항식)으로 인수분해된다는 사실을 알 수 있어. 따라서 이 원리는 '한 문자에 관한 고차식'의 인수분해에 요긴하게 쓰인단다.

우선 고차식의 개념부터 정리해 보자. 수학에서 고차식이란 일반적으로 3차 이상의 다항식을 의미해. 즉 (x^3+2x^2-x-2)와 같이 한 문자로 되어 있고 3차 이상인 고차식의 인수분해를 할 때, 방금 살펴본 인수정리를 이용한단다.

여기에 한 가지 더, 매우 쉽고 빠르게 다항식을 일차식으로 나누는 방법 혹시 기억나니? 맞아, 바로 조립제법! 조립제법까지 활용하면 인수정리를 통한 고차식의 인수분해도 쉽게 해결할 수 있어. 먼저 한 문자에 관한 내림차순으로 정리된 식인지 확인한 뒤, 대입해서 0이 되는 x의 값, 즉 나머지가 0이 되도록 하는 x의 값을 찾고 조립제법으로 마무리하는 거지. 이때도

용어 정리

고차식의 인수분해

원칙 1 대입해서 0이 되는 x의 값$=\pm\dfrac{(f(x)\text{의 상수항의 약수})}{(f(x)\text{의 최고차항의 계수의 약수})}$

원칙 2 인수분해하고자 하는 식 $f(x)$의 계수의 합이 0일 때 $x=1$로 조립제법을 쓰면 항상 성공한다(항상 '나머지$=0$'이 된다).

마찬가지로 인수분해를 끝까지 해야 한다는 사실을 명심해야 해. 말로 하니까 무슨 말인지 모르겠다고? 그럼 지금부터 왜 그렇게 되는지를 한번 살펴보자.

$$(x^3-x^2+x-1)\div(x-1)$$

이 나눗셈을 조립제법으로 계산하면 어떻게 될까?

$$\begin{array}{c|cccc} 1 & 1 & -1 & 1 & -1 \\ & & 1 & 0 & 1 \\ \hline & 1 & 0 & 1 & \boxed{0} \end{array} \text{ 나머지}$$

이렇게 쓴 결과를 검산식으로 나타내면, $(x^3-x^2+x-1)=(x-1)(x^2+1)$이 되겠지?

그런데 우리가 자세히 살펴봐야 할 것이 있어. 조립제법을 쓰고 났더니 (x^3-x^2+x-1)이 인수분해가 되어버렸다는 사실이야. 앞으로 이렇게 한 문자로 이루어진 고차식의 인수분해를 하고 싶다면, 나머지가 0이 되는 x의 값(이 경우엔 $x=1$)을 찾아서 조립제법을 쓴 뒤, 검산식으로 나타내면 자동으로 인수분해가 된단다.

여기까지 읽은 친구들이라면 답답한 점이 생겼을 거야. 대입해서 0이 되는, 즉 나머지가 0이 되도록 만드는 x의 값은 어떻게 찾을 수 있을까? 가령 이 예제의 경우, $x=1$로 조립제법을 쓰면 나머지=0이 된다는 사실을 어떻게 알 수 있을까? 아무 숫자나 하나하나 대입해 보면서 찾을 수도 없는 일이고….

이럴 때 쓰는 방법이 두 가지 있어. 가령 $f(x)=2x^3-x^2-1$이 $(ax-b)$(a, b는 정수)를 인수로 갖는다고 가정해 보자. 그럼 $f(x)$는 $x=\dfrac{b}{a}$로 조립제법을 쓰면 나머지가 0이 된다는 거지? 그럼 이 식을 검산식으로 나타내면 어떨까?

$$2x^3-x^2-1=(ax-b)(px^2+qx+r) \ (p, q, r\text{은 정수})$$

앞서 검산식은 x에 대한 항등식이라는 성질 기억나니? 따라서 좌변과 우변의 x^3의 계수와 상수항을 비교하면, $ap=2$, $br=1$임을 알 수 있고, $a=$(2의 약수), $b=$(1의 약수)라는 사실까지도 유추할 수 있어. 이 내용을 공식으로 정리하면 $\frac{b}{a}=\pm\frac{(1\text{의 약수})}{(2\text{의 약수})}=\pm\frac{(f(x)\text{의 상수항의 약수})}{(f(x)\text{의 최고차항의 계수와 약수})}$라는 첫 번째 방법을 얻을 수 있단다.

이 원칙이 항상 어떤 값으로 조립제법을 쓰면 된다고 명쾌하게 알려주는 건 아니야. 따라서 몇 가지 후보를 둔 뒤에 수작업으로 하나씩 조립제법을 써 봐야 해. 물론 직접 조립제법을 몇 번 써 봐야 하니까 번거로움은 있어. 하지만 아무런 정보도 없는 상태에서 막연하게 나머지가 0이 되는 x의 값을 이것저것 대입해서 찾는 것보다는 훨씬 유용한 방법이란다.

한편 두 번째 방법으로 $f(x)$의 계수의 합은 $f(x)$에서 $x=1$을 대입한 결과와 같다는 성질을 이용할 수도 있어. 예를 들어 $f(x)=(x^3-x^2+x-1)$일 때 $f(x)$에 $x=1$을 대입해 보면 그 결과가 $1^3-1^2+1-1=0$라는 사실을 알 수 있지?

그런데 앞서 조립제법에서 $f(x)$에 $x=1$을 대입해서 0이 나온다는 건 $x=1$, 즉 $(x-1)$로 조립제법을 썼을 경우 나머지가 0이라는 걸 뜻한다는 말 기억나니? 따라서 앞으로는 '계수의 합$=0$'이면, $x=1$로 조립제법을 써서 인수분해한다고 기억해 두면 간편할 거야. 이 방법은 매우 유용하고 간단한 원칙이야. 이제부터 인수분해하고자 하는 식의 '계수의 합$=0$'임을 확인하면, '올레!'를 외치면서 바로 $x=1$로 조립제법을 쓰면 되겠지?

예제 

다음 식을 인수분해해 보자.

1. x^3+x^2-5x+3

→

2. $x^4+x^3-6x^2-2x+4$

→

/

실수

유리식

무리식

복소수

CHAPTER 2

복소수

01
실수

#실수, #유리수, #무리수, #정수, #자연수, #음의_정수

자연수, 정수, 유리수, 무리수, 실수…… 구분할 수 있겠니? 지금까지 우리가 배웠던 수가 너무 많아 머리 아픈 친구들 많을 거야. 더 복잡한 수를 배우기 전에 이쯤해서 지금까지 배웠던 수의 체계를 한 번 확실하게 정리할 필요가 있단다.

정수

우리가 초등학교 때부터 배워온 1, 2, 3… 이런 수를 자연수라고 하지? 그리고 중학교 2학년 때 배웠던 −1, −2, −3… 이런 수를 음의 정수라고 했고. 자연수는 음의 정수와 비교해 양의 정수라고도 한단다. 그리고 양의 정수도 음의 정수도 아닌 0이 있지. 이처럼 정수는 양의 정수, 0, 음의 정수를 모두 포함해.

유리수

중학교 2학년 때 배웠던 유리수, 기억나니? $\frac{1}{2}$, $-\frac{7}{5}$와 같은 수를 유리수라고 불러. 쉽게 말하면 유리수는 분수 모양으로 만들 수 있는 수를 의미하는데, 수학적으로 정확하게 정의하면 분모가 0이 아닌 $\frac{\text{정수}}{\text{정수}}$의 꼴로 표현할 수 있는 수를 말한단다.

여기서 궁금한 점이 하나 생겼을 거야. 정수도 유리수라고 할 수 있을까? 당연히 유리수라고 할 수 있어. 가령 $2=\frac{2}{1}$, $-3=\frac{-3}{1}$, $0=\frac{0}{1}$ 이런 식으로 정수도 $\frac{\text{정수}}{\text{정수}}$의 꼴로 표현이 가능하잖니? 그러니 정수도 유리수라고 할 수 있지.

그러면 소수도 유리수일까? 0.1, 0.3578같은 수를 소수라고 하지? 사실 소수의 종류에 따라 다르단다. 소수에는 유한소수와 무한소수가 있고, 또 무한소수는 순환소수와 순환하지 않는 무한소수로 나뉘어. 0.7은 $\frac{7}{10}$과 같은 식으로 분수의 꼴로 표현이 가능하니 유한소수는 유리수에 해당되지.

순환소수 소수점 아래의 어떤 자리에서부터 일정한 숫자의 배열이 한없이 되풀이 되는 무한소수

순환마디 순환소수에서 숫자의 배열이 되풀이 되는 한 부분

순환소수의 표현 : $0.777\cdots=0.\dot{7}=\frac{7}{9}$, $0.718718718\cdots=0.\dot{7}1\dot{8}=\frac{718}{999}$

또 무한소수 중에서 순환소수, 예를 들어 $0.\dot{7}=\frac{7}{9}$처럼 분수의 꼴로 표현이 가능한 소수는 역시 유리수에 해당된단다. 마지막으로 무한소수 중에 순환하지 않는 무한소수, 예를 들어 0.2137…나 $\pi=3.141592\cdots$같이 분수꼴로 표현이 불가능한 소수는 유리수에 해당되지 않아. 다시 정리하자면 양의 정수, 0, 음의 정수와 유한소수, 순환소수는 모두 유리수라고 생각하면 된단다.

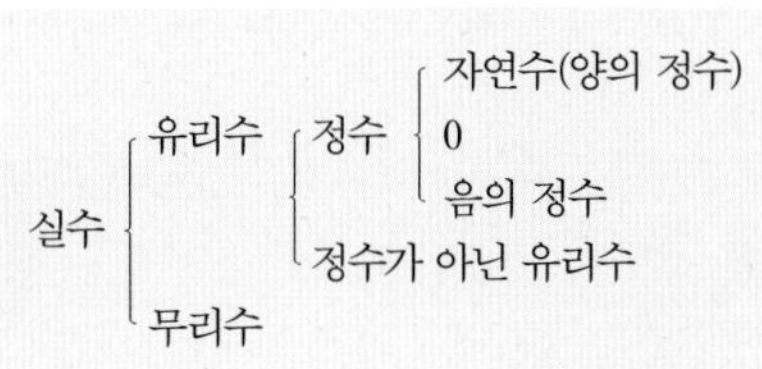

무리수

이제 중학교 3학년 때로 올라가 보자. 우선 질문! 제곱해서 4가 되는 수는 무엇일까? ± 2이겠지? 그럼 다음 질문, 제곱해서 3이 되는 수는?

이때 등장한 것이 바로 $\pm\sqrt{3}$이란다. 그리고 이런 수를 무리수라고 정의해. 근호 $\sqrt{}$ 를 포함한 수라고 생각하면 쉽지. 이를테면 $\sqrt{3}$, $1+\sqrt{2}$, $4\sqrt{6}$, $\sqrt{6}-\sqrt{2}$ 등이 있단다!

우리가 중학교 때까지 배운 수는 유리수 아니면 무리수이기 때문에 무리수는 '유리수가 아닌 수', 즉 '$\left(\frac{\text{정수}}{\text{정수}(\neq 0)}\right)$ 꼴로 나타낼 수 없는 수'라고 생각해도 좋아. 또 소수로 표현하면 '순환하지 않는 무한소수가 되는 수'라고도 할 수 있지. 우리가 일상에서 정도를 벗어나 말로 뭐라 설명할 수 없이 난감한 상황을 더러 '무리수를 두었다'고 하지? 반복이 되지 않아 예측이 불가능하면서도 끝이 없는 무리수의 성질을 떠올리면 이해가 될 거야.

이제 우린 고등학교에 와서 유리수와 무리수를 합쳐 실수라고 이름 붙일 거야. 또 실수보다 더 큰 수 체계를 곧 배우게 될 거고. 기대되는 마음 잠시 접고, 지금까지 복습한 실수체계 잘 정리해두자!

용어 정리

정수 자연수(양의 정수), 0, 음의 정수
유리수 분모가 0이 아닌 분수로 나타낼 수 있는 수. 정수, 유한소수, 순환소수
무리수 유리수가 아닌 수. 순환하지 않는 무한 소수가 되는 수

02
유리식

#식의_분류, #유리식, #다항식, #분수식, #무리식

이번에는 유리식에 대해 배울 시간이야. 앞에서 다항식을 공부한 것 기억나니? 설마 다항식만 공부하고 포기한 건 아니겠지? 이제 다항식과 유리식을 포함해 식을 크게 어떻게 분류할 수 있는지 지금부터 함께 살펴보고 특히 유리식에 대해 집중적으로 공부해 볼 거야. 원래 큰 틀을 알고 숲을 보면서 공부해야 지금 어느 부분을 공부하고 어디쯤 왔는지 알 수 있어. 따라서 기억하기도 쉽고 이해도 빠른 법이니 식의 큰 분류를 먼저 살펴보도록 하자.

유리식

수의 체계와 마찬가지로 식도 유리식과 무리식으로 구분이 돼. 유리식은 우리가 앞서 배운 다항식과 분수식으로 나뉘는데, 문자 x가 분모에 포함되어 있는 식을 분수식이라고 한단다. 그리고 곧 배우겠지만 문자 x가 $\sqrt{\ }$ 안에 있는 경우, 가령 $\sqrt{x}$, $\sqrt{1-x}$ 같은 식을 무리식이라고 불러.

유리식의 개념에 대해 좀 더 수학적으로 접근해 볼까? 유리식이란 $\frac{1}{x-1}$, $\frac{x}{2x+1}$처럼 두 다항식 $A, B(B\neq0)$에 대해 $\frac{A}{B}$의 꼴로 나타내어지는 식을 뜻해. 이때 유리식이 잘 정의되려면 분모가 0이 아니어야 한단다.

그런데 $\frac{1}{x-1}$, $\frac{x}{2x+1}$와 같은 분수식뿐만 아니라, x^2-x+1과 같은 다항식도 유리식이라고 한다고 했지? 왜냐하면 x^2-x+1은 $\frac{x^2-x+1}{1}$, 즉 $\frac{A}{B}$ 꼴로 표현 가능하기 때문에 넓은 의미에서 다항식은 유리식에 포함된다고 할 수 있어. 두 정수 a, $b(b\neq0)$에 대해 $\frac{a}{b}$의 꼴로 나타내어지는 수를 유리수라 하고, 유리수에 정수가 포함되는 것과 같은 원리라고 생각하면 된단다.

방금도 말했지만 유리식이 수학적으로 잘 정의되기 위해서는 분모가 절대로 0이 되어서는 안 된다는 사실을 꼭 기억해야 해. 수학에서 분수의 분모가 0이 되는 경우는 값을 계산할 수 없거든. 유리식에서도 마찬가지야. 이를테면 $\frac{1}{x-1}$이 잘 정의되기 위해서는 $x-1\neq0$, 즉 x가 1이 아니라는 조건은 자연스럽게 같이 생각해야 하고, $\frac{x}{2x+1}$이 잘 정의되기 위해서는 $2x+1\neq0$, 즉 $x=-\frac{1}{2}$이 아니라는 조건을 당연히 생각해야 해.

유리식의 사칙연산

자, 이제 개념을 모두 익혔으니 계산에 돌입해 보자. 유리식끼리 덧셈, 뺄셈, 곱셈, 나눗셈을 해 볼 건데 우리 교육과정에서는 너무 복잡한 계산을 요구하고 있지는 않으니 일단 안심해도 좋아. 하지만 초등학교 때 배웠던 최소공배수의 개념과 중학교 1학년 때 배웠던 유리수의 계산을 잘 알지 못하면 유리식의 계산도 어렵게 느껴질 수밖에 없단다. 이 부분 다시 한 번 정리하고, 심화해 공부해 볼까?

약분과 통분, 공배수와 공약수, 최소공배수와 최대공약수

유리식의 덧셈, 뺄셈을 하기에 앞서 초등학교 때 배웠던 약분과 통분의 개념을 먼저 복습해 볼까? 먼저 약분이란 분모와 분자의 최대공약수로 나누어 분모와 분자가 더 이상 서로 나누어지지 않는 기약분수를 만드는 과정을 뜻해. 가령 $\frac{6}{16}$을 분모 16과 분자 6의 최대공약수인 2로 나누어 $\frac{3}{8}$로 만드는 것이지.

한편 통분이란 분모와 분자가 다른 분수를 분모가 같게 만드는 것을 의미한단다. 즉 $\frac{1}{6}$과 $\frac{3}{8}$이라는 분수가 있을 때, 이들의 분모를 6과 8의 최소공배수인 24로 만들려면 위아래에 각각 4와 3을 곱해야 하지? 이 과정을 거쳐 두 분수를 $\frac{4}{24}$와 $\frac{9}{24}$로 만드는 것을 통분이라고 해. 통분을 할 때는 두 분모의 최소공배수로 만들어야 한다는 사실을 절대 잊으면 안 된단다.

공약수와 공배수, 최대공약수와 최소공배수는 중학교 1학년 때 배웠던 개념이야. 먼저 공약수는 2개 이상의 정수에서 공통인 약수를 뜻하고, 최대공약수는 이 공약수들 중에 가장 큰 수를 가리켜. 가령 8의 약수는 1, 2, 4, 8이고 20의 약수는 1, 2, 4, 5, 10, 20이지? 이때 8과 20의 공약수는 1, 2, 4이고, 최대공약수는 4야.

용어 정리

약분 분모와 분자의 최대 공약수로 나누어 분모와 분자가 더 이상 서로 나누어지지 않는 기약분수를 만드는 과정

통분 분모와 분자가 다른 분수를 분모가 같게 만드는 과정

최대공약수 2개 이상의 정수에서 공통인 약수 중 1을 제외하고 가장 큰 약수

최소공배수 2개 이상의 정수에서 공통인 배수 중 가장 작은 배수

최대공약수를 구할 때 약수를 일일이 써 볼 만큼 여유가 있으면 참 좋겠지만, 문제는 아주 큰 두 수의 약수를 구할 때야. 이럴 때는 공약수로 나누거나 소인수분해를 이용하면 편리해.

2	8	20
2	4	10
	2	5

두 수의 곱이 4가 최대공약수!

1이외에 2, 5를 공통으로 나누는 수가 없을 때

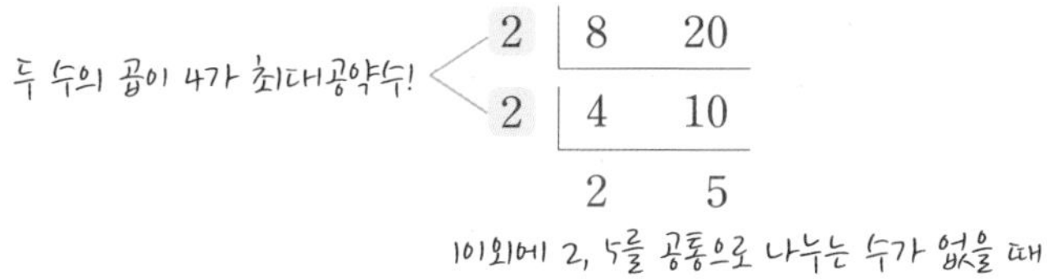

이렇게 두 수를 소인수분해하면 8은 2^3이고, 20은 $2^2 \times 5$라는 사실을 알 수 있지? 최대공약수는 두 수를 소인수분해해서 1을 제외하고 공통인 소인수 중에 지수가 가장 '작은' 것, 즉 2^2를 뜻한단다. 이때 5와 7, 13과 27처럼 1 이외에 공통인 소인수가 없는 두 수를 '서로소'라고 해.

한편 공배수란 2개 이상의 정수에서 공통인 배수를 뜻하고, 최소공배수란 공배수 중 제일 작은 수를 의미해. 즉 4의 배수는 4, 8, 12, 16, 20 … 40 이렇게 쭉 나가고, 10의 배수는 10, 20, 30, 40 이렇게 진행되지? 여기서 4와 10의 공배수는 20, 40 … 이고, 최소공배수는 그중 제일 작은 수인 20이야.

최대공약수와 마찬가지로 최소공배수도 공약수를 나누어 계산하거나 소인수분해를 이용하면 편리해.

2	4	10
	2	5

세 수의 곱 20이 최소공배수!

1 이외에 2, 5를 공통으로 나누는 수가 없을 때

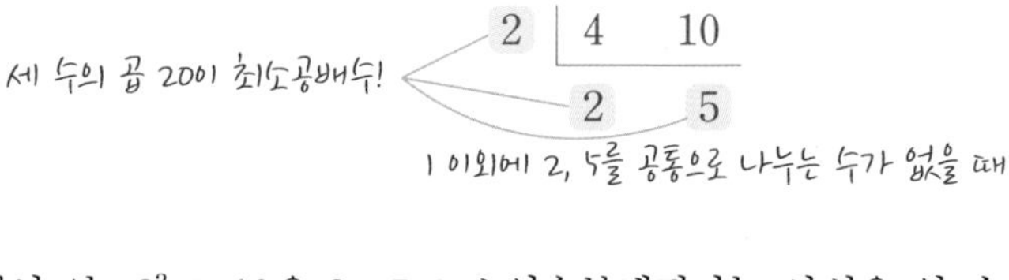

여기서 4는 2^2로, 10은 2×5로 소인수분해된다는 사실을 알 수 있지? 최소공배수는 이 두 수의 소인수 중 지수가 가장 큰 것과 중복되지 않은 소인수를 모두 곱하면 돼. 여기선 $2^2 \times 5$, 즉 20이 되겠지.

유리식의 덧셈과 뺄셈

지금까지 약분, 통분의 개념, 그리고 최대공약수와 최소공배수의 개념까지 복습해 봤어. 여기까지가 분수의 덧셈과 뺄셈을 하기 위한 준비였다고 보면 된단다. 분수의 덧셈과 뺄셈을 할 줄 알면, 유리식의 덧셈과 뺄셈도 역시 할 수 있어.

분수의 덧셈과 뺄셈은 먼저 분수들의 분모를 같게 만들어 주어야 해. 분모가 같아야 분자를 더하거나 뺄 수 있거든. 이때 분모를 통분하려면 방금 전에 배웠듯이 분모의 최소공배수를 분자와 분모에 곱하면 된단다.

$$\frac{2}{10}+\frac{1}{15}=\frac{2\times3}{10\times3}+\frac{1\times2}{15\times2}=\frac{6}{30}+\frac{2}{30}=\frac{6+2}{30}=\frac{8}{30}=\frac{4}{15}$$

이 내용이 기본이 되어서 우리는 고등학교 과정에서 유리식의 덧셈과 뺄셈을 할 거야. 역시 통분과 약분을 이용한다는 원리는 같아.

먼저 분모가 같은 유리식은 분자끼리 더하거나 빼면 돼. 아주 쉽지? 이때 분모는 반드시 0이 아니어야 하고, 뺄셈을 할 땐 부호 뒷부분에 괄호를 친 뒤 분배해 주어야 한다는 점을 명심하렴!

$$\frac{1}{x-1}+\frac{x-2}{x-1}=\frac{1+x-2}{x-1}=\frac{x-1}{x-1}=1$$

$$\frac{2}{x}-\frac{(x+1)}{x}=\frac{2-(x+1)}{x}=\frac{1-x}{x}$$

한편 분모가 다른 유리식의 덧셈과 뺄셈도 유리수의 덧셈과 뺄셈처럼 분모의 최소공배수로 통분을 해서 분모를 같게 만든 뒤 계산을 하면 된단다.

$$\frac{1}{x}+\frac{2}{x+1}=\frac{x+1}{x(x+1)}+\frac{2x}{x(x+1)}=\frac{x+1+2x}{x(x+1)}=\frac{3x+1}{x(x+1)}$$

$$\frac{1}{x}-\frac{2}{x+1}=\frac{x+1}{x(x+1)}-\frac{2x}{x(x+1)}=\frac{x+1-2x}{x(x+1)}=\frac{-x+1}{x(x+1)}=\frac{-x+1}{x(x+1)}$$

유리식의 곱셈과 나눗셈

유리식의 덧셈과 뺄셈을 하는 법을 익혔으니 이번엔 유리식의 곱셈과 나눗셈을 배워 볼 차례야. 유리식의 곱셈과 나눗셈 역시 분수의 곱셈과 나눗셈 방법과 동일하단다. 먼저 곱셈은 두 유리식의 분모는 분모끼리, 분자는 분자끼리 곱한 뒤 분모와 분자에 공통으로 포함된 식은 약분하면 돼.

$$\frac{x-2}{x-1}\times\frac{x}{x-2}=\frac{(x-2)x}{(x-1)(x-2)}=\frac{x}{x-1}$$

한편 나눗셈은 먼저 나누는 수의 분모와 분자의 자리를 바꾸어 역수로 만든 뒤 두 수의 분모와 분자를 곱하고, 마찬가지로 분모와 분자에 공통으로 포함된 식을 약분하면 된단다.

두 식의 최소공배수를 구하는 방법

분모가 서로 다른 두 분수식을 더하거나 뺄 때, 두 식의 분모를 통분해서 더하거나 빼야 한다고 했지? 그렇다면 두 식의 최소공배수는 어떻게 구할까?
두 식의 최소공배수를 구하는 것은 두 자연수의 최소공배수를 구하는 과정과 매우 유사하단다. 두 자연수의 최소공배수를 구할 때, 소인수분해를 일단 한 뒤 공통인 소인수 중에 지수가 큰 것을 선택하고, 공통이 아닌 것은 곱해서 구했었지? 두 식의 최소공배수를 구할 때에도 마찬가지로 인수분해를 일단 한 뒤 공통인 식 중에 지수가 큰 것을 선택하고 공통이 아닌 식도 곱하면 돼.

$$\frac{1}{x-1} \div \frac{x-2}{x-1} = \frac{1}{x-1} \times \frac{x-1}{x-2} = \frac{(x-1)}{(x-1)(x-2)} = \frac{1}{x-2}$$

어때, 간단하지? 이렇게 유리식을 계산할 때는 꼭 주의해야 할 점이 있어. 바로 분수식에서 분모가 같으면 분자를 따로따로 쪼개도 식이 성립하지만, 분자가 같다고 해서 분모를 다르게 쪼갤 수는 없다는 점이야.

$$\frac{a+b}{2} = \frac{a}{2} + \frac{b}{2} \quad (\bigcirc) \qquad \frac{2}{a+b} \neq \frac{2}{a} + \frac{2}{b} \quad (\times) \qquad \frac{2a+b}{2} = \frac{2a}{2} + \frac{b}{2} = a + \frac{b}{2} \quad (\bigcirc)$$

예제

다음 유리식을 간단히 해 보자.

1. $\frac{1}{x(x-1)} + \frac{1}{x(x-2)}$

→

2. $\frac{2}{x-1} - \frac{2}{x+1}$

→

3. $\frac{x}{x+1} \times \frac{x-1}{2x} \div \frac{1}{2(x+1)}$

→

가분수식의 계산

초등학교 때 배운 '가분수' 기억나니? 분자가 분모보다 크거나 같을 때 가분수라고 하지. 가분수는 대분수 모양으로 바꿀 수 있어. 마찬가지로 앞으로 배울 특수한 식의 계산에서 분자의 차수가 분모의 차수보다 크거나 같은 식을 '가분수식'이라고 부를 거야. 물론 가분수와는 다르게 가분수식이라는 말은 수학적으로 통용되는 말은 아니지만, 이해를 돕는 데에는 도움이 될 거야. 가분수식, 즉 분자의 차수가 분모의 차수보다 크거나 같을 때에는 분자를 분모로 나누어 분자의 차수가 분모의 차수보다 낮아지도록 변형하고 간단히 할 수 있단다.

먼저 가분수를 대분수로 바꾸는 과정을 살펴볼까?

$$\frac{14}{3}=(\text{몫})+\frac{(\text{나머지})}{3}=4+\frac{2}{3}=4\frac{2}{3}$$

초등학교 때 배웠던 자연수의 나눗셈을 적용하면 가분수를 쉽게 대분수로 바꿀 수 있어. 마찬가지로 가분수식도 분자를 분모로 나누면 돼. 앞서 다항식의 나눗셈을 공부했던 것 기억나니? 그 부분을 떠올려 보면서 직접 나누어 보면 몫과 나머지를 쉽게 구할 수 있단다.

$$\frac{x+2}{x-1}$$

이 식을 살펴보자. 분모와 분자의 차수가 일차로 같으니 이 식은 가분수식이야. 그렇다면 이 식을 대분수로 만드려면 어떻게 해야 할까? 먼저 분자를 분모로 나눠 보자.

$$
\begin{array}{r|l}
 & 1 \\
\hline
x-1 & x+2 \\
 & x-1 \\
\hline
 & 3
\end{array}
$$

이렇게 나누니 몫이 1이고, 나머지는 3이 되었지? 이제 대분수를 만들 때처럼 이 결과대로 표시하면 돼.

$$\frac{x+2}{x-1}=(\text{몫})+\frac{(\text{나머지})}{x-1}=1+\frac{3}{x-1}$$

한 번 더 살펴볼까?

$$\frac{2x}{x+1}$$

이 식에서 분자의 차수를 낮추려면 어떻게 해야 할까? 먼저 앞에서 연습한 대로 분자를 분모로 나눠 보자.

$$
\begin{array}{r|l}
 & 2 \\
\hline
x+1 & 2x \\
 & 2x+2 \\
\hline
 & -2
\end{array}
$$

몫이 2이고, 나머지가 -2이지? 이 결과를 정리하면 이렇게 돼.

$$\frac{2x}{x+1}=(\text{몫})+\frac{(\text{나머지})}{x+1}=2+\frac{(-2)}{x+1}=2-\frac{2}{x+1}$$

이때 매번 이렇게 나눗셈을 하면 너무 복잡하니까, 눈으로 쉽게 나눗셈하는 방법을 알려 줄게. 먼저 몫을 눈치껏 알아채야 해. $2x\div(x+1)$의 결과, 몫이 2임은 쉽게 추측할 수 있겠지? 그 다음은 좌변과 비교해 가면서 나머지를 정하는 거란다. 몫과 분모를 곱했을 때, 누구를 더하거나 빼야 같아지는지 좌변과 비교하면 나머지를 쉽게 알 수 있어.

누구를 더해야 같아지는지 좌변과 비교해 나머지를 정해.

몫

$$\frac{2x}{x+1}=\frac{(\text{몫})\times(x+1)+(\text{나머지})}{x+1}=\frac{2(x+1)-2}{x+1}=2-\frac{2}{x+1}$$

$(x+1)$로 각각 쪼개!

이 과정은 나중에 유리함수에서도 필요하니까 꼭 기억해야 해.

번분수식의 계산

가분수식을 배웠으니 이제는 번분수식을 계산해 볼 거야. 이때 번분수식이란 분모 또는 분자에 분수식을 포함한 유리식을 뜻한단다. 번분수식은 '나눗셈으로 바꿔 계산한다'는 원리를 잘 이용해, 공식으로 기억하면 편리해.

$$\frac{\frac{A}{B}}{\frac{C}{D}}=\frac{A}{B}\div\frac{C}{D}=\frac{A}{B}\times\frac{D}{C}=\frac{AD}{BC}$$

이렇게 분자의 분자와 분모의 분모를 곱한 게 분자가 되고, 분자의 분모와 분모의 분자를 곱한 게 분모가 되었어. 말로 표현하니 너무 헷갈리지? 이건 머릿속에 그림을 그려서 생각하면 더욱 기억하기가 편할 거야. 이렇게 말이야.

$$\cfrac{\cfrac{A}{B}}{\cfrac{C}{D}} \quad \text{분모: } BC, \ \text{분자: } AD \quad = \frac{AD}{BC}$$

안에 곱한 부분이 분모로, 밖에 곱한 부분이 분자로~ 슝!

예제를 통해 연습을 조금 더 해 보자.

$$\cfrac{\cfrac{1}{(a-1)(a-2)}}{\cfrac{a}{a-1}}$$

이 번분수식을 계산하면 어떻게 될까?

$$\cfrac{\cfrac{1}{(a-1)(a-2)}}{\cfrac{a}{a-1}} = \frac{\cancel{a-1}}{a(\cancel{a-1})(a-2)} = \frac{1}{a(a-2)}$$

(안쪽: 분모, 바깥쪽: 분자, 약분)

분모와 분자로 만든 뒤에는 약분을 해서 식을 깔끔하게 만들어야 한다는 걸 잊으면 안 돼. 한 번 더 연습해 볼까?

$$\cfrac{1}{1-\cfrac{1}{a}} = \cfrac{1}{\cfrac{a}{a}-\cfrac{1}{a}} = \cfrac{1}{\cfrac{a-1}{a}} = \cfrac{\cfrac{1}{1}}{\cfrac{a-1}{a}} = \frac{a}{a-1}$$

(안쪽: 분모, 바깥쪽: 분자)

비례식

이제는 비례식을 배워 볼 거야. 비례식이란 $a : b$처럼 비율이 같은 두 비를 등호를 사용해 나타내는 것을 뜻해. 이때 $\frac{a}{b}$를 비의 값 또는 비율이라고 하고, a와 b는 항이라고 하지.

비례식에서는 각 항에 0이 아닌 똑같은 수를 곱하거나 나누어도 비의 값은 같고, 내항끼리의 곱, 즉 등호를 기준으로 안쪽에 있는 항의 곱은 외항끼리의 곱, 즉 등호를 기준으로 바깥쪽에 있는 항의 곱과 같단다. 예를 들어 비가 2 : 5이면 2와 5를 각각 항이라고 부르며, 이때 비의 값, 즉, 비율은 $\frac{2}{5}$야. 또한 2 : 5에 각각 3을 곱한 6 : 15의 비의 값은 $\frac{6}{15}=\frac{2}{5}$이므로, 6 : 15와 2 : 5는 같은 비의 값을 가지지. 한편 같은 비의 값을 가지는 것들을 모아 2 : 5=6 : 15 라는 비례식을 세울 수 있어.

사실 비례식은 초등학교 때 이미 공부했던 내용이야. 우리가 앞으로 배울 비례식도, 이 원리를 응용하는 것이니 너무 복잡하다고 생각하지 않아도 돼. 사실 고등학교에서 배우는 수학의 대부분은 우리가 이미 초등학교, 중학교에서 배웠던 원리를 응용하거나 발전시키는 거란다. 따라서 공부를 하지 않았거나 배웠던 내용을 다 잊어버렸더라도 좌절할 필요 없어. 선생님과 함께 다시 시작하면 금방 따라잡을 수 있을 거야. 자, 그러면 방금 배운 원리를 응용해서 비례식의 성질 세 가지를 알아볼까?

$$a : b=c : d \iff \frac{a}{b}=\frac{c}{d}$$

먼저 첫 번째 성질은, 비례식은 두 비의 비의 값이 같기 때문에, 위처럼 나타낼 수 있다는 것이란다. 이제 두 번째 성질을 알아보자.

$$a : b = c : d \iff ad = bc$$

비례식에서 내항끼리의 곱과 외항끼리의 곱이 같다는 성질이야. 한편 세 번째 성질은 이렇단다.

$$a : b = c : d \iff a = ck, b = dk(k \neq 0)$$

이 성질은 각 항에 똑같은 수를 곱하거나 나눠도 비의 값이 같다는 것을 이용한 성질이야. 이제 세 가지 성질을 살펴보았으니, 적용하는 방법을 살펴볼까?

$x : y = 1 : 2$일 때, $\frac{2x}{x+y}$의 값은?

두 번째 성질, 내항끼리의 곱과 외항끼리의 곱이 같다는 것을 이용하면 $x : y = 1 : 2$라는 비례식에서 $y = 2x$라는 식을 유도할 수 있겠지? 이제 간단하게 이 값을 대입하면 된단다.

$$\frac{2x}{x+y} = \frac{2x}{x+2x} = \frac{2x}{3x} = \frac{2}{3}$$

자 이제 마지막 성질, 각 항에 똑같은 수를 곱하거나 나눠도 비의 값은 같다는 성질을 이용한 문제를 풀어 볼 거야. 아래 식을 살펴보자.

용어 정리

비례식 비율이 같은 두 비를 등호를 사용해 나타낸 식

비의 값 비율

비례식의 성질 $a : b = c : d \iff \frac{a}{b} = \frac{c}{d}$

$a : b = c : d \iff ad = bc$

$a : b = c : d \iff a = ck,\ b = dk(k \neq 0)$

$$x : y=2 : 3\text{일 때, } \frac{y^2-x^2}{xy}\text{의 값은?}$$

이런 경우에는 $x=2k$, $y=3k(k\neq 0)$라고 설정하고 그 값을 각각 대입하면 돼.

$$\frac{y^2-x^2}{xy}=\frac{9k^2-4k^2}{2k\times 3k}=\frac{5k^2}{6k^2}=\frac{5}{6}$$

비례식을 이용한 문제를 풀 때는 지금 배운 세 가지 성질을 기억해 두었다가, 어떤 성질을 이용하면 문제를 쉽게 풀 수 있을지 생각해서 대입하면 된단다.

부분분수

분모가 2개 이상의 인수의 곱으로 이루어져 있을 경우, 부분분수로 쪼개서 계산을 간단히 할 수 있어. '부분분수'는 하나의 분수를 2개 이상의 분수로 만드는 것을 뜻하는데, 이를 통해 분수식의 분모의 차수를 줄일 수 있단다. 즉, 부분분수란 A, B가 다항식일 때 $\frac{1}{AB}$를 $\frac{1}{(B-A)}\left(\frac{1}{A}-\frac{1}{B}\right)$로 만들 수 있다는 뜻이야.

왜 이런 공식이 나오는 것일까? 직접 좌변과 우변 양변을 간단히 한 뒤 비교해 보면 원리를 파악할 수 있어. 좌변은 간단하니 그냥 두고, 우변이 복잡하니 우변을 통분하고 약분해서 계산해 보면 좌변과 같아지는 것이 보인단다.

$$(\text{좌변})=\frac{1}{AB}$$

$$(\text{우변})=\frac{1}{B-A}\left(\frac{1}{A}-\frac{1}{B}\right)=\frac{1}{B-A}\left(\frac{B}{AB}-\frac{A}{AB}\right)$$

$$=\frac{1}{B-A}\left(\frac{B-A}{AB}\right)=\frac{1}{AB}$$

신기하게도 같은 결과가 나왔어. 이 공식은 잘 기억해두고 써먹는 것이 좋단다. 하지만 그냥 공식을 외우기엔 너무 공식이 복잡하지? 이 공식을 조금 더 쉽게 외울 수 있는 방법을 알려 줄게. 바로 $\frac{1}{AB}$의 꼴로 나타낸 분수를 일단 둘로 쪼갠 뒤, 우변을 통분해 보고 차이만큼을 분모에 곱하는 거야. 이때 차이란 뒤의 식에서 앞의 식을 뺀 값이라고 기억하면 편하단다. 이 공식은 앞으로 수열, 극한 등 곳곳에서 요긴하게 쓰일 거야.

부분분수가 뭐야?
A, B가 다항식일때
$\frac{1}{AB}$ 를 $\frac{1}{(B-A)}\left(\frac{1}{A}-\frac{1}{B}\right)$
로 만들 수 있다는
뜻이야
다른 모양이지만 같은 뜻이지
일단 둘로 쪼개고, 우변을 통분하고
그 차이만큼을 분모에 곱하면 쉬워
...
그냥 외워야겠다...

꿀팁

부분분수로 쪼개는 법 쉽게 기억하기

$$\frac{1}{x(x+2)}=\frac{1}{\square}\left(\frac{1}{x}-\frac{1}{x+2}\right)=\frac{1}{\square}\left(\frac{x+2-x}{x(x+2)}\right)=\frac{1}{\square}\left(\frac{2}{x(x+2)}\right)$$

$$\therefore\ \square=2$$

① 일단 쪼갠다.

② 우변을 통분해 보고, 차이만큼을 분모에 곱한다. 이때 차이는 직접 통분해서 비교한 뒤 구하는 게 정석이지만, 뒤의 식 $(x+2)$에서 앞의 식(x)을 뺀 값 $(x+2-x=2)$이라고 쉽게 기억하고 있어도 좋아!

예제

다음 유리식을 간단히 해 보자.

1. $\dfrac{x+1}{x}+\dfrac{x+2}{x+1}$

➡

2. $\dfrac{a+1}{1+\dfrac{1}{a}}$

➡

3. $\dfrac{1}{x(x+2)}+\dfrac{1}{(x+2)(x+4)}+\dfrac{1}{(x+4)(x+6)}$

➡

4. $x:y=3:5$일 때, $\dfrac{xy}{xy-x^2}$

➡

03 무리식

#제곱근, #제곱근의_개수, #제곱근의_성질, #절댓값, #무리수가_서로_같을_조건, #무리식

실수는 유리수와 무리수로 나뉘고, 유리식과 유리수의 성질이 굉장히 비슷하다는 것 배웠지? 그렇다면 지금쯤 눈치가 빠른 친구들은 우리가 무엇을 배울지 알아챘을 거야. 유리식을 배웠으니 이제 무리식을 배울 차례지. 중학교 3학년 때 배웠던 제곱근 기억나니? 루트 $\sqrt{\ }$ 라는 신기하게 생긴 기호도 함께 배우고 무리수도 처음 접했을 거야. 유리수의 성질과 유리식의 성질이 굉장히 비슷했으니, 무리식을 배우기 전에 먼저 무리수의 성질과 계산 방법을 공부하면 무리식도 더욱 쉽게 이해할 수 있을 거야.

제곱근의 뜻

만약 a라는 수가 있을 때, 제곱해서 a가 되는 수를 a의 제곱근이라고 해. 즉 $x^2=a$일 때 x는 a의 제곱근이고, x는 $\pm\sqrt{a}$라고 나타낼 수 있지. 이때 a는 0보다 크거나 같은 수를 뜻한단다. 예를 들어 4의 제곱근은 제곱해서 4가 되는 수이니 ± 2이고, 3의 제곱근은 $\pm\sqrt{3}$, 즉 플러스마이너스 루트 3이라고 할 수 있어.

제곱근의 개수

제곱근의 뜻에서 제곱근을 가지는 수 a는 0보다 크거나 같다고 했지? 그 이유를 알기 위해서는 a가 양수, 0, 음수일 때를 살펴보면 된단다. 먼저 양수의 제곱근은 아주 간단하게 양수 하나, 음수 하나, 총 2개야. 한편 0의 제곱근은 제곱해서 0이 되는 수인데, 두 번 곱했을 때 0이 되는 수는 0밖에 없으니 제곱근도 하나뿐이지.

그렇다면 음수의 제곱근은 어떨까? 음수의 제곱근은 두 번 곱해서 음수가 되는 수를 뜻하는데, 앞서 배웠듯이 음수와 음수를 곱해도 양수가 되기 때문에 음수의 제곱근은 없다고 할 수 있어.

하지만 음수의 제곱근에도 예외는 있어. 중학교 때 배운 것만 생각하면 음수의 제곱근은 '없다'고 해야 맞지만 앞으로 우리는 복소수, 그중에서도 허수를 배울 예정이란다. 허수란 제곱해서 음수가 되는 수를 뜻하지. 즉 엄밀히 말하자면 음수의 제곱근은 단순히 없는 것이 아니라, 실수 범위에서는 없지만 허수 범위까지 확장하면 2개가 존재해. 이건 다음 단원에서 다시 한 번 다룰 거야.

제곱근의 성질

제곱근의 뜻을 배웠으니 이번엔 중학교 때 배웠던 제곱근의 성질을 정리해 볼게. 공식으로 정리하면 다소 어렵게 느껴질 수 있지만, 예시를 들어 살펴보면 단순하고 당연한 내용이란다. 이 성질을 익혀야 앞으로 제곱근의 연산을 이해할 수 있어.

1. $a>0$일 때, $(\sqrt{a})^2=a$, $(-\sqrt{a})^2=a$이다.

2. $a>0$일 때, $\sqrt{(제곱수)}$는 $\sqrt{\ }$ 기호 없이 간단히 할 수 있다.

3. $\sqrt{a^2}$의 값은 a가 0보다 크거나 같으면 a, a가 0보다 작으면 $-a$로, a의 부호에 따라 달라진다.

여기서 세 번째 성질은 두 번째 성질에서 발전된 성질이란다. 제곱수란 1, 4, 9와 같이 정수를 제곱했을 때 나오는 수로, $\sqrt{(제곱수)}$의 경우, $\sqrt{\ }$ 기호를 빼고 간단하게 표현할 수 있어. 예를 들어 $\sqrt{3^2}$의 경우, 간단하게 3이라고 쓸 수 있지. $\sqrt{(-3)^2}$는 3이 되고. 따라서 $\sqrt{a^2}$에서 $a\geq 0$일 때는 a, $a<0$일 때는 $-a$가 되어 양수로 나온다는 결론을 도출할 수 있단다.

절댓값 기호

절댓값 $a=|a|$

중학교 1학년 때 배웠던 내용이고, 뒤에서 배울 방정식과 부등식에서 다시 한 번 등장할 절댓값 기호에 대해서 잠깐 정리하고 가자. 먼저 절댓값이란 수직선 위에서 원점에서 a까지의 거리를 뜻해. 절댓값 a, 즉 $|a|$의 값은 수직선 위에 점을 찍고 그 점에 a라는 이름을 붙였을 때, a가 0보다 작으면 $-a$가 되고 0보다 크거나 같으면 a가 된단다. 어디서 많이 본 듯한 식이지? 바로 $\sqrt{a^2}$의 값을 구할 때와 똑같아. 절댓값의 성질을 정리하자면 이렇지.

$$|a|=\begin{cases} a & (a\geq 0) \quad \text{예 } |3|=3 \\ -a & (a<0) \quad \text{예 } |-3|=(\because\ -(-3)=3) \end{cases}$$

즉 $|a|$의 값은 a의 부호에 따라 달라진단다.

무리수가 서로 같을 조건

지금까지 배웠던 무리수의 기본 성질과 계산 방법을 잘 기억하면서 무리수가 서로 같을 조건을 공부해 보자. 이 부분은 우리가 앞에서 배웠던 항등식의 성질과도 유사하고, 뒤에서 배울 두 복소수가 같을 조건과도 유사하단다. 수학은 이렇게 비슷한 패턴, 구조로 진행되는 경우가 많아. 이 구조를 잘 기억하되, 어떤 부분이 유사하고 어떤 부분의 차이가 있는지를 잘 비교하는 게 수학을 잘하는 방법이란다. 선생님이 도와줄 테니 찬찬히 따라와 보렴!

무리수가 같을 조건을 한마디로 표현하면, '끼리끼리 같다!'라고 생각하면 된단다. 이때 끼리끼리는 '유리수는 유리수끼리, 무리수는 무리수끼리 같다'는 의미야. 즉 a, b, c, d가 유리수, $\sqrt{m}$이 무리수일 때, $a+b\sqrt{m}=0$이면 a와 b는 모두 0이고, $a+b\sqrt{m}=c+d\sqrt{m}$이라면 a와 c가 같고, b와 d가 같단다. 예를 들어 살펴볼까? $2+b\sqrt{3}=a-\sqrt{3}$에서 유리수 a와 b의 값은 무엇일까? 유리수는 유리수끼리, 무리수는 무리수끼리 같다고 했으니, a는 2고 b는 -1이겠지?

이때 주의해야 할 점이 있어. 바로 a, b, c, d가 유리수라는 조건이 꼭 있어야 한다는 점이야. 만약 $a+\sqrt{m}=c+\sqrt{m}$에서 a, b, c, d가 유리수라

용어 정리

무리수가 서로 같을 조건

$$a+b\sqrt{m}=c+d\sqrt{m}$$

① $a+b\sqrt{m}$이 0이면 a, b 모두 0이다.
② a, b, c, d는 반드시 유리수, $\sqrt{m}$은 무리수일때 $a=c$, $b=d$로 유리수는 유리수끼리, 무리수는 무리수끼리 같다.

는 조건이 없다고 생각해 볼까? 그럼 a, b, c, d 중에 무리수가 있을 수도 있다는 이야기고, $a=d\sqrt{m}$이 될 수도 있겠지. 그러면 단순하게 유리수끼리, 무리수끼리, 끼리끼리 같다는 조건을 쓸 수가 없단다. 무엇이 유리수이고 무리수인지 구분이 안 되니까 말이야. 그래서 무리수가 서로 같을 조건에 관한 문제가 나오면 일단 계수인 a, b, c, d가 유리수라는 조건이 있는지 반드시 확인하고, '끼리끼리 같다!'는 식으로 진행해야 해.

이제 앞에서 배운 항등식의 성질을 복습하면서 유사한 구조를 파악해 볼까? x에 관한 항등식에서도 끼리끼리 같다, 즉 x를 기준으로 x끼리 같고 x가 들어가지 않은 부분끼리 같다는 성질을 배웠어. x에 관한 항등식일 때, $ax+b=0$이면 $a=0$, $b=0$이고 $ax+b=a'x+b'$이면 $a=a'$, $b=b'$라는 성질 말이야. 무리수가 같을 조건과 유사한 구조가 보이니? 무리수가 서로 같을 조건에서는 무리수 기호 $\sqrt{\ }$를 기준으로 둔다면, 항등식에서는 x를 기준으로 보면 된단다. 이 유사한 구조는 복소수가 같을 조건에서도 또 나와.

제곱근의 계산

제곱근의 개념을 익혔다면, 이제 계산을 할 줄 알아야 하는 법! 이 부분 역시 중학교 3학년 때 배웠던 부분이지만, 다시 한 번 정리해 보자.

먼저 제곱근을 계산할 때 명심해야 할 것은 곱셈, 나눗셈, 덧셈, 뺄셈 무엇이든 '끼리끼리 계산한다'는 점이란다. 유리수는 유리수끼리, 무리수는 무리수끼리 계산한다는 점을 기억하면 아주 쉽게 계산할 수 있어.

먼저 덧셈과 뺄셈을 살펴보자. 제곱근의 덧셈과 뺄셈은 무리수를 문자 취급해서 동류항끼리 계산한다는 게 핵심이란다. 유리수는 유리수끼리,

무리수는 무리수끼리 계산하고, 무리수 중에서도 $\sqrt{\ }$ 기호 안에 들어 있는 수가 같은 수끼리 따로 계산해야 한다는 뜻이지. 또한 이때 $\sqrt{\ }$ 기호 안에 있는 수는 모두 0보다 크고, 기호 밖에 있는 수는 유리수라는 사실!

$$2\sqrt{2}+5\sqrt{2}=(2+5)\sqrt{2}$$
$$6\sqrt{2}-2\sqrt{2}=(6-2)\sqrt{2}$$
$$\begin{aligned}(2+3\sqrt{2})+(5+\sqrt{2})&=(2+5)+(3+1)\sqrt{2}\\&=7+4\sqrt{2}\end{aligned}$$
$$\begin{aligned}(2+3\sqrt{2})-(5+\sqrt{2})&=(2+3\sqrt{2})-5-\sqrt{2}\\&=(2-5)+(3-1)\sqrt{2}\\&=-3+2\sqrt{2}\end{aligned}$$

제곱근의 곱셈은 $\sqrt{\ }$ 안에 있는 수끼리 곱하고, $\sqrt{\ }$ 밖에 있는 수끼리 곱하면 된단다. 이 과정에서 제곱수가 나오면, 간단히 하면 돼.

$$3\sqrt{2}\times4\sqrt{5}=3\times4\sqrt{2\times5}=12\sqrt{10}$$
$$\sqrt{3^2\times5}=3\sqrt{5}$$

한편 제곱근의 나눗셈은 우선 역수로 바꾼 다음에 역시 유리수는 유리수끼리, 무리수는 무리수끼리 곱하면 돼. 곱셈과 마찬가지로 제곱수가 나오면 간단히 정리하는 걸 꼭 명심하렴.

$$2\sqrt{10}\div4\sqrt{5}=\frac{2\sqrt{10}}{4\sqrt{5}}=\frac{2}{4}\times\sqrt{\frac{10}{5}}=\frac{1}{2}\times\sqrt{2}=\frac{\sqrt{2}}{2}$$
$$\sqrt{\frac{5}{9}}=\sqrt{\frac{5}{3^2}}=\frac{\sqrt{5}}{3}$$

끼리끼리 계산한다는 점만 생각하면 아주 간단하지? 여기서 더 나아가서, 만약 주어진 식이 괄호를 포함하고 있는 경우에는 분배법칙을 써서 괄호를 풀면 돼. 즉 집집마다 방문하는 거지. 이때 $\sqrt{\ }$ 기호 안의 수는 모두 0보다 크단다. 괄호로 묶인 제곱근을 계산하는 방법은 다항식에서 분배법칙을 쓰던 방식과 완전히 같고, 제곱근의 곱셈에 익숙해지면 쉽게 할 수 있을 거야.

$$\sqrt{3}(\sqrt{2}+\sqrt{5})=\sqrt{3}\times\sqrt{2}+\sqrt{3}\times\sqrt{5}=\sqrt{6}+\sqrt{15}$$
$$\sqrt{3}(\sqrt{2}-\sqrt{5})=\sqrt{3}\times\sqrt{2}-\sqrt{3}\times\sqrt{5}=\sqrt{6}-\sqrt{15}$$

분모가 무리수인 게 불편해

중학교 3학년 때, 분모에 포함된 무리수를 없애고 유리수로 만드는 방법을 공부했던 것 기억나니? 이걸 수학에서는 '분모의 유리화'라고 한단다. 분모를 유리화하는 방법은 크게 두 가지야

먼저 $\frac{1}{\sqrt{a}}$의 꼴인 간단한 무리수의 분모를 유리화해 볼까? $a>0$일 때, $\sqrt{a}\times\sqrt{a}=a$라는 성질 기억나니? 이 성질을 이용해 분모와 분자에 똑같이 $\sqrt{a}$를 곱하면 분모가 유리수가 된단다.

$$\frac{1}{\sqrt{a}}=\frac{1\times\sqrt{a}}{\sqrt{a}\times\sqrt{a}}=\frac{\sqrt{a}}{a}$$

이번에는 조금 더 복잡한 $\frac{1}{\sqrt{a}+\sqrt{b}}$ 꼴의 분모를 유리화해 보자. 이때도 마찬가지로, 분모와 분자에 분모를 유리화할 수 있는 식을 똑같이 곱하면 돼. 그러면 어떤 수를 곱하면 될까?

분모의 $\sqrt{a}+\sqrt{b}$를 보자. $(a+b)(a-b)=a^2-b^2$라는 합차공식 생각

나지 않니? 이 공식을 응용하면 $(\sqrt{a}+\sqrt{b})(\sqrt{a}-\sqrt{b})=(\sqrt{a})^2-(\sqrt{b})^2=a-b$로 유리수가 돼. 따라서 분모와 분자에 $\sqrt{a}-\sqrt{b}$를 곱하면, 분모의 유리화를 할 수 있겠지?

$$\frac{1}{\sqrt{a}+\sqrt{b}}=\frac{1\times(\sqrt{a}-\sqrt{b})}{(\sqrt{a}+\sqrt{b})\times(\sqrt{a}-\sqrt{b})}=\frac{(\sqrt{a}-\sqrt{b})}{a-b}$$

예제 

다음을 간단히 해 보자.

1. $2\sqrt{3}+4\sqrt{2}-5\sqrt{3}-3\sqrt{2}$

→

2. $-2\times 3\sqrt{2}\times 2\sqrt{3}$

→

3. $\frac{\sqrt{21}}{\sqrt{5}}\div\frac{\sqrt{7}}{\sqrt{20}}$

→

4. $\sqrt{2}(\sqrt{8}+2)-\sqrt{3}(2\sqrt{3}+\sqrt{6})$

→

5. $(1+2\sqrt{5})(3-\sqrt{5})$

→

6. $\frac{\sqrt{2}+\sqrt{3}}{\sqrt{5}}$

→

7. $\frac{\sqrt{2}}{2-\sqrt{3}}$

→

무리식

먼저 무리식이란 무엇일까? 쉽게 말하자면 문자 x가 $\sqrt{\ }$ 기호 안에 있는 경우를 무리식이라고 해. 수학적으로 말하자면 유리수가 아닌 실수를 무리수라고 했던 것처럼, 유리식이 아니면서, 근호 안에 문자가 포함되어 있는 식을 무리식이라고 해.

이때 정말 중요한 게 하나 있어. 바로 무리식이 실수가 되려면 근호 안의 값이 0보다 크거나 같아야 한다는 점이야. 유리식이 잘 정의되려면 분모가 0이 아니라는 조건이 필요한 것처럼, 무리식이 잘 정의되려면 근호 안의 값이 0보다 크거나 같아야 한단다. 이를테면 $\sqrt{2x}$가 실수 범위에서 잘 정의되려면, $2x$는 0보다 크거나 같아야 하고, 즉 x도 0보다 크거나 같아야 해. 또, $1+\sqrt{x-1}$이 실수 범위에서 잘 정의되기 위해서는 근호 안의 $x-1$이 0보다 크거나 같아야 하니, x는 1보다 크거나 같아야 한단다.

앞으로 무리식에 관한 문제가 나오면, 특별한 언급이 없더라도, 무리식의 근호 안의 값은 항상 0보다 크거나 같다는 것을 전제했다고 생각하는 게 좋아. 친절하게 문제에서 언급하는 경우도 있지만, 대부분은 당연히 근호 안의 값이 0 이상이라는 걸 가정하고 아무런 말없이 문제를 주거든. 물론 유리식도 마찬가지야. 분모가 0이 아니라는 것을 전제하고 문제를 출제하기 때문에 역시 아무 언급이 없더라도 유리식이 나오면 분모는 0이 아니겠구나 하고 생각하면 돼.

무리식의 계산

무리식의 계산은 유리식의 계산과 마찬가지로 우리 교육과정에서는 너무 복잡한 계산을 목표로 하고 있지 않기 때문에 기본 위주로만 잘 연습하면 된단다. 물론 다소 복잡하게 느껴질 수는 있지만, 앞서 배운 무리수의 기본 계산에 쓰이는 성질만 잘 기억하면 되니까 걱정 말고!

오히려 무리식의 계산은 유리식의 계산보다 유형이 매우 단순해. 제곱근의 성질 이용, 곱셈공식 활용, 유리식에서 통분 개념을 활용, 분모의 유리화 이용한 유형으로 나눌 수 있어.

먼저 제곱근의 성질을 이용해 볼까?

$$\sqrt{a^2}=\begin{cases} a & (a\geq 0) \\ -a & (a<0) \end{cases}$$

제곱근의 성질에서 배웠던 위의 개념을 떠올리면서, $x\geq 1$일 때 $\sqrt{(x-1)^2}$을 간단히 해 보자. $\sqrt{(x-1)^2}$은 x의 범위에 따라 그냥 $x-1$로 나올 수도 있고, $-$를 붙여 $-(x-1)$이 될 수도 있겠지?

$$\sqrt{(x-1)}=\begin{cases} x-1 & (x-1\geq 0) \\ -x+1 & (x-1<0) \end{cases}$$

자, 이번엔 아래 식을 간단히 해 보자.

$$(\sqrt{x+1}+\sqrt{x})(\sqrt{x+1}-\sqrt{x})$$

이런 식은 이제 너무나 익숙한 곱셈공식, $(a+b)(a-b)=a^2-b^2$과, $(\sqrt{a})^2=a$라는 무리수의 성질을 활용하면 돼.

$$(\sqrt{x+1}+\sqrt{x})(\sqrt{x+1}-\sqrt{x})$$
$$=(\sqrt{x+1})^2-(\sqrt{x})^2$$
$$=x+1-x=1$$

그렇다면 이런 식은 어떨까?

$$\frac{1}{1+\sqrt{x}}+\frac{1}{1-\sqrt{x}}$$

이 무리식은 유리식과 혼합되어 있지? 이런 식은 두 식을 통분해서 더하는 게 간단해. 통분하는 방법은 앞서 배웠어.

$$\frac{1}{1+\sqrt{x}}+\frac{1}{1-\sqrt{x}}=\frac{1-\sqrt{x}}{(1+\sqrt{x})(1-\sqrt{x})}+\frac{1+\sqrt{x}}{(1+\sqrt{x})(1-\sqrt{x})}$$
$$=\frac{1-\sqrt{x}+1+\sqrt{x}}{(1+\sqrt{x})(1-\sqrt{x})}+\frac{2}{1-(\sqrt{x})^2}=\frac{2}{1-x}$$

자, 이제 마지막으로 분모의 유리화를 이용한 방법을 알려 줄게. 먼저 아래 식을 간단히 해 보자,

$$\frac{\sqrt{x}+\sqrt{y}}{\sqrt{x}-\sqrt{y}}$$

분모에 무리식이 있으니 유리화를 해서 유리식을 만들면 되는데, 앞서 분모의 유리화를 할 때 합차공식을 활용했던 것 기억나니? 마찬가지로 합차공식을 이용해 분모 $\sqrt{a}+\sqrt{b}$ 또는 $\sqrt{a}-\sqrt{b}$의 형태를 $(\sqrt{a})^2+(\sqrt{b})^2$, $(\sqrt{a})^2-(\sqrt{b})^2$ 꼴로 만드는 무리식을 분모와 분자 모두에 곱하면 된단다.

$$\frac{\sqrt{x}+\sqrt{y}}{\sqrt{x}-\sqrt{y}}=\frac{(\sqrt{x}+\sqrt{y})(\sqrt{x}+\sqrt{y})}{(\sqrt{x}-\sqrt{y})(\sqrt{x}+\sqrt{y})}=\frac{(\sqrt{x}+\sqrt{y})^2}{x-y}=\frac{x+2\sqrt{xy}+y}{x-y}$$

04 복소수

#복소수, #허수, #허수 단위 i, #순허수, #실수부, 허수부

지금까지 우리는 실수 체계를 공부하고, 그 체계를 이용해서 유리식과 무리식을 공부했어. 지금까지 공부를 하면서 이런 의문이 생겼을 거야. 이 단원의 제목은 '복소수'인데, 도대체 복소수가 뭐고, 복소수는 언제 배우지? 자, 이제 드디어 복소수를 공부할 차례야. 유리수와 무리수, 유리식과 무리식을 이해하면 복소수의 절반은 이해했다고 볼 수 있어. 사실 복소수는 우리가 방금 배운 실수와 실수가 아닌 '허수'를 합친 것을 뜻하거든. 지금까지 이 책을 읽은 친구들이라면 조금 더 쉽고 기본이 되는 개념을 공부하고, 그것을 응용하거나 비교해서 심화 개념을 공부하는 방법이 익숙해졌겠지? 따라서 복소수를 공부하기 전에 이 단원의 맨 앞 장, 실수체계를 한 번만 다시 읽고 오면 복소수와 복소수 중 우리가 배우지 않은 부분, 허수를 공부하기 쉬울 거야.

허수와 허수 단위 i

지금까지 우리가 배운 수의 공통점은 무엇일까? 제곱을 하면 전부 0보다 크거나 같다는 점이야. 예를 들어 볼까? -3, $\sqrt{2}$, 0을 제곱해 보렴. 유리수인 -3과 0, 무리수인 $\sqrt{2}$ 모두 0보다 크거나 같은 9, 0, 2가 돼. 어떤 실수를 제곱해도 다 마찬가지란다.

그런데 만약 제곱해서 0보다 크지 않은 수가 있다면 믿을 수 있겠니? 상상이 잘 안 되는 가상의 수이지만, 필요에 의해서 만들어낸 수! 이게 바로 허수야. 복소수는 방금 이야기했듯이 실수와 허수를 합한 수의 체계를 뜻하고. 앞으로 허수는 실수와 대조되는 수로 실수가 아닌 수라고 생각하면 쉽단다. 제곱해서 0보다 크지 않은 수이니까, 가상의 수라는 의미로 영어로는 'imaginary number'라고 불러. 그중에서도 제곱해서 -1이 되는 수는 $\sqrt{-1}=i$라고 정의하고 허수 단위라고 해. 기호가 너무 생소하다고? 그럼 일단, $i^2=-1$ 이것만이라도 기억하자.

허수의 종류는 크게 순허수와 순허수가 아닌 수로 나눌 수 있어. 순허수는 $2i$, $-5i$, $\sqrt{3}i$ 등과 같은 수를 의미하고, 순허수가 아닌 수는 $1+2i$, $-1+\sqrt{3}i$ 등과 같이 허수 단위 i를 포함하고 있지만 실수 부분이 같이 끼어 있는 수를 의미한단다.

앞서 제곱근의 개념을 배울 때 a의 제곱근의 개수는 a가 양수, 0, 음수인지에 따라 각각 다르다는 사실 배웠지? 그런데 이제 우리는 제곱해서 0보다 작아지는 수, 허수 단위 i를 배웠기 때문에, 음수의 제곱근에 대해 이야기할 때는 조심해야 한단다. 지금까지 제곱해서 0보다 작은 수는 없다고 생각했기 때문에 음수의 제곱근은 '없다!'라고 했다면 이제는 아냐. 음수의 제곱근도 허수 범위까지 확장해 생각하면 존재하거든. 예컨대 -1의 제곱근은 제곱해서 -1이 되는 수겠지? 제곱해서 음수가 되는 수는 없기 때문에 실수 범위에서 생각한다면 -1의 제곱근은 없어. 그러나 허수 범위까지 확장해 생각한다면 $x=\pm\sqrt{-1}=\pm i$이니, 제곱근이 2개가 있지.

$i=\sqrt{-1}$임을 이용하면, $a>0$일 때, $\sqrt{-a}=\sqrt{a}i$라 간단히 표현할 수 있다.

예) $\sqrt{-2}=\sqrt{2}i$ $(\because \sqrt{-2}=\sqrt{2\times(-1)}=\sqrt{2}\times\sqrt{-1}=\sqrt{2}i)$

$\sqrt{-5}=\sqrt{5}i$ $(\because \sqrt{-5}=\sqrt{5\times(-1)}=\sqrt{5}\times\sqrt{-1}=\sqrt{5}i)$

$\sqrt{-9}=\sqrt{9}i=3i$ $(\because \sqrt{-9}=\sqrt{-9\times(-1)}=\sqrt{9}\times\sqrt{-1}=3i)$

i의 순환성

허수단위 i는 특별한 성질이 있어. 바로 곱할 때마다 특정한 값이 반복해서 나오는 '순환성'을 가지고 있다는 점이야. 이 순환성을 알기 위해서는 단순히 i를 연속적으로 곱하다 보면 규칙을 쉽게 파악할 수 있어. 이때, $i^2=-1$임을 이용하면서 계산을 간단히 하면 되는데 한번 직접 살펴보자.

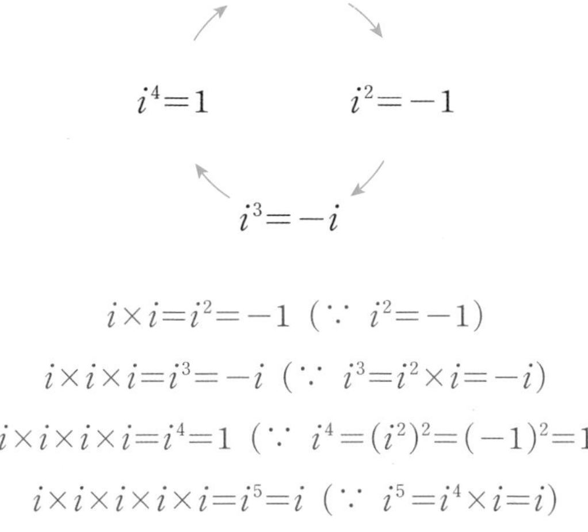

$$i \times i = i^2 = -1 \quad (\because \; i^2=-1)$$
$$i \times i \times i = i^3 = -i \quad (\because \; i^3 = i^2 \times i = -i)$$
$$i \times i \times i \times i = i^4 = 1 \quad (\because \; i^4 = (i^2)^2 = (-1)^2 = 1$$
$$i \times i \times i \times i \times i = i^5 = i \quad (\because \; i^5 = i^4 \times i = i)$$

계속 같은 패턴으로 i, -1, $-i$, 1 이렇게 네 값이 나오는데, 이는 지수를 4로 나눈 나머지를 기준으로 같은 값이 반복됨을 확인할 수 있단다. 즉,

$$i^{4n+1}=i$$
$$i^{4n}=1 \qquad i^{4n+2}=-1$$
$$i^{4n+3}=-i$$

$i^1=i^5=i^9=\cdots=i^{4n+1}=i$ ⇒ 지수를 4로 나눈 나머지 =1

$i^2=i^5=i^{10}=\cdots=i^{4n+2}=-1$ ⇒ 지수를 4로 나눈 나머지 =2

$i^3=i^7=i^{11}=\cdots=i^{4n+3}=-i$ ⇒ 지수를 4로 나눈 나머지 =3

$i^4=i^8=i^{12}=\cdots=i^{4n}=1$ ⇒ 지수를 4로 나눈 나머지 =0

이 원리를 이용하면, i의 거듭제곱의 계산을 매우 쉽게 할 수 있어. 가령 i^{10}은 10을 4로 나눈 나머지가 2이니까, i^{10}은 i^2와 같은 값을 가지고, i^2은 -1이니까 i^{10}은 -1이라고 간단히 할 수 있겠지?

꿀팁

모든 허수는 제곱하면 0보다 작은가요?

No! 예를 들어 i^2은 -1이니 0보다 작지만, $(1+2i)^2=1+4i+(2i)^2=1+4i-4=-3+4i$은 0보다 큰지 작은지 판정이 불가능해. i와 같은 순허수는 제곱했을 때, 0보다 작지만, $1+2i$와 같은 순허수가 아닌 허수는 제곱했을 때, 0보다 큰지 작은지 판정이 불가능하단다.

물론 $i^2=-1$이지만, i 자체만으로는 0보다 큰 수인지 작은 수인지 판단이 불가능해. 따라서 $-3+2i$와 같은 수도 0보다 큰 수인지 작은 수인지 알 수 없어. 또한 $2i$가 i보다 큰 수라고 생각하는 친구들이 있지만, 이것 또한 틀린 말이고, $2i$와 i의 대소 관계 역시 판단이 불가능하지.

이런 이유로 허수는 수직선에 표현이 불가능해. 수직선에 표시하려면 서로 대소 관계가 명확할 때 가능하거든. 따라서 우리가 알고 있는 수직선은 허수를 배우기 전까지 배웠던 '실수'로만 빼곡하게 채워진다는 사실까지도 같이 확인해 두렴!

예제 

다음을 간단히 해 보자.

1. i^{50}

⇢

2. $1+i+i^2+i^3+i^4+i^5+i^6+i^7$

⇢

복소수

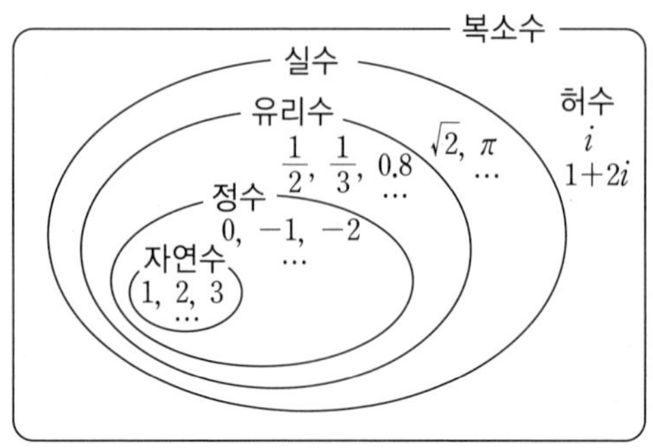

우리가 지금까지 배운 수를 정리해 보자. 자연수, 0, 음의 정수를 포함한 정수, 그보다 큰 유리수, 무리수까지 포함한 실수, 그리고 지금 배운 허수와 실수와 허수를 합친 복소수! 이제 우리가 알고 있는 모든 수는 복소수 안에 들어간다고 생각하면 된단다.

복소수는 일반적으로 $a+bi$(a, b는 실수)의 꼴로 나타낼 수 있어. 이때 a를 실수부, b를 허수부라 이름 붙인단다. 쉽게 말해 $1-i$에서 실수부는 1, 허수부는 -1이야. 그렇다면 2에서 실수부와 허수부를 구분해 볼까? 실수부는 2가 되고, 이때 i가 끼어있지 않으니 허수부는 0이라고 하면 돼. 또 $3i$에서는 실수부가 0, 허수부가 -3이란다.

예제 

다음 복소수에서 실수부와 허수부를 구분해 보자.

1. 1

→

2. $-\frac{3}{2}$

→

3. $2i$

→

4. $1-2i$

→

5. $\sqrt{3}+i$

→

켤레복소수와 서로 같은 복소수

켤레복소수란 신발이나 양말처럼 쌍을 이루는 두 복소수를 뜻해. 조금 더 수학적으로 정의하면, a와 b가 실수인 $a+bi$의 켤레복소수는 허수부의 부호만 살짝 바꾼 $a-bi$가 된단다.

켤레복소수를 표현할 때에는 일반적으로 머리에 모자를 쓰듯, 바(bar)를 붙이면 돼. 즉, $\overline{a+bi}=a-bi$라고 할 수 있어. 예를 들어 $1-i$의 켤레복소수는 허수부의 부호를 바꾼 $1+i$이니, $\overline{1-i}$는 $1+i$라 쓸 수 있겠지?

또 2의 켤레복소수는 허수부의 부호를 바꾸나마나 똑같으니 여전히 2이고, $\overline{2}=2$라 쓸 수 있어. $3i$의 켤레복소수를 구한다면 허수부의 부호를 바꿔 $-3i$가 된단다. 물론, $\overline{3i}$라 쓸 수 있고.

한편 서로 같은 복소수는 a, b, c, d가 실수인 두 복소수 $a+bi$, $c+di$에서 $a=c$, $b=d$인 경우를 뜻한단다. 즉, 실수부끼리 같고 허수부끼리 같으면 서로 같은 복소수라고 볼 수 있어. 이를테면 a와 b가 실수이고 $2+i=a+bi$라 한다면, a, b의 값은 무엇이 될까? 실수부끼리 같고 허수부끼리 같다는 조건을 이용해, $2=a$, $i=bi$이므로 $a=2$, $b=1$임을 확인할 수 있어.

한편 $a+bi=0$이려면, $a=b=0$이 된단다. 이렇게 두 복소수가 같을 조건은 '끼리끼리 같다'는 말을 기억하면 편해. 역시 이전에 배웠던 것과 비슷하지?

복소수의 덧셈, 뺄셈, 곱셈

지금까지 수와 식을 공부하고, 그들의 덧셈, 뺄셈, 곱셈을 하는 방법을 익혔지? 마찬가지로 지금까지는 복소수의 정의에 대해서 공부했으니 복소수를 계산하는 방법을 배울 거야. 당연히 복소수끼리도 서로 더하고, 빼고, 곱하고 나눌 수 있단다. 복소수의 덧셈, 뺄셈, 곱셈을 할 때에는, 크게 세 가지 규칙을 기억하면 쉬워.

첫째, 끼리끼리 놀 것!
둘째, 집집마다 방문할 것!
셋째, $i^2=-1$임을 기억할 것!

지금부터 각각이 의미하는 바를 하나하나 살펴볼 건데, 복소수의 덧셈, 뺄셈, 곱셈의 과정은 앞에서 복습했던 무리수의 덧셈, 뺄셈, 곱셈의 과정과도 매우 유사하단다. 제곱근의 계산과 함께 비교하면서 살펴보면 훨씬 쉽겠지?

먼저 복소수와 복소수의 덧셈을 할 때에는 '끼리끼리 놀 것!'이라는 첫 번째 규칙을 적용한단다. 즉, 실수는 실수끼리 허수는 허수끼리 더한다는 의미야. 이때 무리수를 문자 취급해서 동류항끼리 더하듯, 허수끼리 더할 때에는 허수 단위 i를 문자 취급해서 동류항끼리 더하는 것처럼 계산하면 된단다. 예를 들어 살펴볼까?

$$(2+3i)+(1-5i)=(2+1)+(3i-5i)=(2+1)+(3-5)i=3-2i$$

↳ 끼리끼리 계산!

복소수와 복소수의 뺄셈 역시 '끼리끼리 놀 것!'이라는 첫 번째 규칙이 어김없이 적용된단다. 허수 단위 i끼리 뺄셈 역시 제곱근의 뺄셈과 완전히 같고, 다항식에서 동류항끼리 뺄셈을 하는 과정과도 같아. i를 $\sqrt{2}$ 또는 마치 문자 x처럼 생각해 동류항으로 간주하고 빼는 것이지.

다만 뺄셈에서는 첫 번째 규칙을 적용하기에 앞서 '집집마다 방문할 것!'이라는 두 번째 규칙도 적용해야 해. 집집마다 방문한다는 것은 분배법칙을 이용해 괄호를 전개하는 걸 의미하는데, $-$부호를 분배법칙으로 먼저 풀고 해결하면 된단다. 예를 들어 살펴보자.

$$(2+3i)-(1-5i)=(2+3i)-1+5i$$

↳ 분배법칙 이용, - 부호 처리!

$$=(2-1)+(3i+5i)=(2-1)+(3+5)i=1+8i$$

↳ 끼리끼리 계산!

예제 

다음 복소수에서 켤레복소수를 구해 보자.

1. 1

→

2. $-\frac{3}{2}$

→

3. $2i$

→

4. $1-2i$

→

5. $\sqrt{3}+i$

→

다음 등식이 성립하도록 실수 a, b의 값을 구해 보자.

1. $2+ai=b-3i$

→

2. $(a-1)+(b+2)i=0$

→

복소수와 복소수의 곱셈은 두 번째, 세 번째, 첫 번째 규칙을 순차적으로 적용하면 된단다. 두 번째 규칙인 '집집마다 방문할 것'은 분배법칙을 써서 괄호를 풀어내는 방식을 의미한다고 했지? 다음으로 세 번째 규칙인 '$i^2=-1$'을 이용해 계산을 간단히 하고, 역시 마지막엔 첫 번째 규칙인 '끼리끼리 놀 것!'을 적용해 실수는 실수끼리, 허수는 허수끼리 정리하면 끝이야. 복소수의 곱셈 역시 제곱근의 곱셈과 비교해서 살펴보면 쉽단다.

$$(2+i)(1+3i)=2+6i+i+3i^2=2+6i+i-3=(2-3)+(6+1)i$$

↳ 집집마다 방문! ↳ $i^2=-1$ ↳ 끼리끼리 계산!

$$=-1+7i$$

예제

다음을 계산해 보자.

1. $(2+i)+(-3+5i)$

⇢

2. $(3-i)-(2-6i)$

⇢

3. $(1+i)(-1+4i)$

⇢

복소수의 나눗셈

이제는 덧셈, 뺄셈, 곱셈을 배웠으니 복소수의 나눗셈을 공부할 차례야. 앞서 분모를 유리화하는 방법 공부했던 것 기억나지? 복소수의 나눗셈에서도 비슷한 과정이 필요해. 무리수의 분모를 유리수로 만든 것처럼, 복소수의 분모를 실수로 만드는 거지. 이 과정을 바로 '분모의 실수화'라고 해.

분모를 실수화하는 유형은 크게 두 가지야. 앞서 배운 분모의 유리화를 떠올리면서 공부해 보자. 잘 기억이 나지 않는다면 잠시 앞으로 돌아가서 그 부분을 한 번 더 읽어 봐도 좋아.

먼저 첫 번째 유형은 $\frac{1}{i}$의 꼴인 복소수에서, $i \times i = -1$라는 성질을 응용한 방법이야. 분모, 분자에 똑같이 i를 곱해서 분모의 허수를 없애는 거지.

$$\frac{1}{i} = \frac{1 \times i}{i \times i} = \frac{i}{(-1)} = -i$$

두 번째 유형은 $\frac{1}{a+bi}$꼴의 복소수에서, 합차공식 $(a+b)(a-b) = a^2 - b^2$를 이용해 분모의 허수를 없애는 방법이란다.

$$\frac{1}{a+bi} = \frac{1 \times (a-bi)}{(a+bi) \times (a-bi)} = \frac{(a-bi)}{a^2-(bi)^2} = \frac{a-bi}{a^2-(-b^2)} = \frac{a-bi}{a^2+b^2}$$

이때 눈치가 빠른 친구들이라면 분모와 분자에 곱한 $a-bi$가 주어진 $a+bi$의 켤레복소수임을 알아챘을 거야.

또한 $\frac{1}{a+bi}$의 분모를 실수화해서 간단히 하는 것은, $1 \div (a+bi)$라고 생각할 수 있어. 즉, 복소수의 나눗셈을 하는 것과 같지. 따라서 분모를 실수화하는 과정은 '복소수끼리 나눗셈'을 하는 것이라고 생각할 수 있어.

예제 

다음을 간단히 해 보자.

1. $\dfrac{2}{3i}$

→

2. $\dfrac{1+i}{2-i}$

→

3. $2i \div (1+i)$

→

음수의 제곱근

앞서 제곱근의 계산 원리를 배웠던 것 기억나니? 제곱근의 계산 원리에서는 중요한 조건이 있었어. 바로 $a, b>0$, 즉 a, b는 모두 양수라는 조건이 있을 때 이런 제곱근의 계산 원리가 적용된다는 사실이었지. a, b의 조건이 달라지면 이야기는 달라진단다.

지금까지는 제곱근 안의 값이 모두 0보다 크거나 같을 때만 공부했어. 하지만 허수를 배우고, 복소수까지 수체계를 확장하고 난 지금은 제곱근 안의 값이 0보다 작은 경우도 생길 수 있다는 걸 모두 알고 있지? 그렇다면 제곱근 안쪽 부분이 0보다 작을 경우, 즉 음수의 제곱근도 이런 제곱근의 계산 원리를 쓸 수 있을까?

다음 두 가지 경우에 한해서는 $\sqrt{}$ 기호를 합치는 과정에서 $-$부호를 밖에 붙인단다. 공식만 따로 기억하려고 하면 다소 어려울 수 있지만 예제와 함께 이해하면 쉬울 거야. 특히 이 과정에서 $a>0$일 때, $\sqrt{-a}=\sqrt{a}i$로 간단히 만들어 계산하면 왜 이런 공식이 나오는지 이해할 수 있어! 먼저 다음 문제를 살펴볼까?

용어 정리

분모의 유리화와 실수화

분모의 유리화 분모에 무리수나 무리식이 있을 경우 분모와 분자에 같은 수나 식을 곱해 유리화하는 것

예) $\frac{\sqrt{5}}{\sqrt{2}}=\frac{\sqrt{10}}{2}$, $\frac{7}{\sqrt{x}+\sqrt{y}}=\frac{7(\sqrt{x}-\sqrt{y})}{x-y}$

분모의 실수화 분모에 허수가 있을 경우 분모와 분자에 허수를 곱해 실수화하는 것

예) $\frac{1}{i}=-i$, $\frac{5}{i-3}=\frac{15+5i}{8}$

$$\sqrt{-3}\sqrt{-2}$$

근호 안의 두 수가 모두 0보다 작지? 이 경우에는 $\sqrt{}$를 합치면서 밖에 − 부호를 붙인단다. 왜냐하면 $\sqrt{-1}$이 i이니 $\sqrt{-a}$는 $\sqrt{a}i$가 되고, i^2은 -1이기 때문이지.

$$\sqrt{-3}\sqrt{-2}=\sqrt{3}i\times\sqrt{2}i=\sqrt{3}\times\sqrt{2}\times i^2=-\sqrt{6}$$

한편 분모만 0보다 작을 때, 즉 $a>0$, $b<0$인 경우에는 $\sqrt{}$를 합치면서 밖에 − 부호를 붙인단다. 가령 다음 문제를 살펴볼까?

$$\frac{\sqrt{3}}{\sqrt{-2}}$$

근호 안에 있는 수 중 분모만 0보다 작지? 이 경우에는 앞서 배운 분모의 실수화를 통해 분모와 분자에 모두 i를 곱하면 − 부호가 근호 밖으로 나오고, 마찬가지로 $i=\sqrt{-1}$을 이용해 정리하면 된단다.

이외의 제곱근의 계산

① $a<0$, $b<0$ 외의 경우, $\sqrt{a}\sqrt{b}=\sqrt{ab}$ ($\sqrt{}$를 그냥 합침!)

$\sqrt{3}\sqrt{2}=\sqrt{6}$ ($a>0$, $b>0$일 때)

$\sqrt{3}\sqrt{-2}=\sqrt{-6}$ ($a>0$, $b<0$일 때)

② $a>0$, $b<0$ 외의 경우, $\frac{\sqrt{a}}{\sqrt{b}}=\sqrt{\frac{a}{b}}$ ($\sqrt{}$를 그냥 합침!)

$\frac{\sqrt{3}}{\sqrt{2}}=\sqrt{\frac{3}{2}}$ ($a>0$, $b>0$일 때)

$\frac{\sqrt{-3}}{\sqrt{2}}=\sqrt{\frac{-3}{2}}=\sqrt{-\frac{3}{2}}$ ($a<0$, $b>0$일 때)

$\frac{\sqrt{-3}}{\sqrt{-2}}=\sqrt{\frac{-3}{-2}}=\sqrt{\frac{3}{2}}$ ($a<0$, $b<0$일 때)

$$\frac{\sqrt{3}}{\sqrt{-2}}=\frac{\sqrt{3}}{\sqrt{2}i}=\frac{\sqrt{3}\times i}{\sqrt{2}i\times i}=\frac{\sqrt{3}i}{-\sqrt{2}}=\frac{\sqrt{3}\times\sqrt{-1}}{-\sqrt{2}}=\frac{\sqrt{-3}}{-\sqrt{2}}=-\sqrt{\frac{3}{-2}}$$

↳ 분모의 실수화! ↳ $i=\sqrt{-1}$ 이용해 정리!

그렇다면 $a<0$, $b<0$일 때 $\sqrt{a}\sqrt{b}=-\sqrt{ab}$, $a>0$, $b<0$일 때 $\frac{\sqrt{a}}{\sqrt{b}}=-\sqrt{\frac{a}{b}}$ 외의 경우는 어떻게 문제를 풀어야 할까? 이 경우는 마음껏 $\sqrt{\ }$를 합쳐서 계산해도 돼. 이 부분 역시 $a>0$일 때, $\sqrt{-a}=\sqrt{a}i$를 꼭 기억해야 한단다.

용어 정리

$a<0$, $b<0$일 때, $\sqrt{a}\sqrt{b}=-\sqrt{ab}$, 이외의 경우는 $\sqrt{a}\sqrt{b}=\sqrt{ab}$

$a>0$, $b<0$일 때, $\frac{\sqrt{a}}{\sqrt{b}}=-\sqrt{\frac{a}{b}}$, 이외의 경우는 $\frac{\sqrt{a}}{\sqrt{b}}=\sqrt{\frac{a}{b}}$

PART

2

규칙성

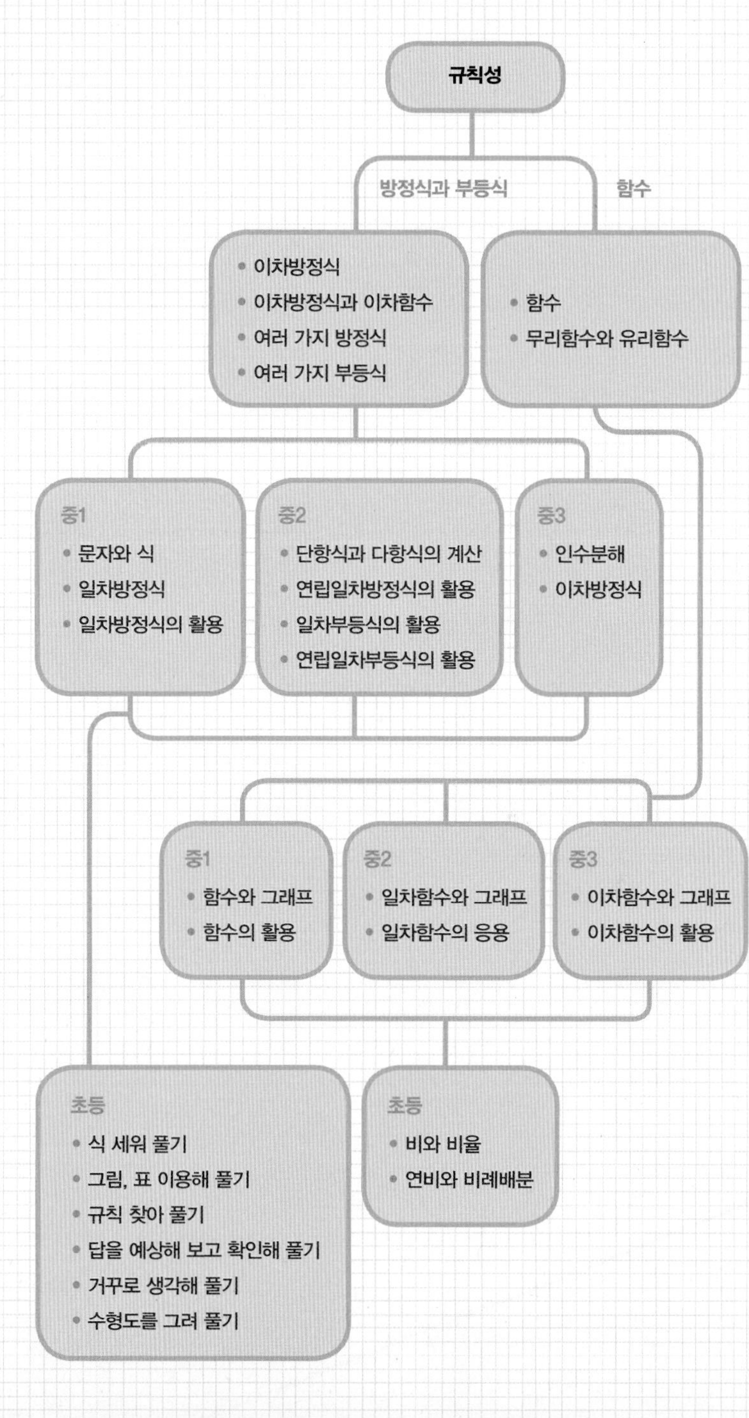

규칙성
방정식과 부등식
함수
이차방정식
이차방정식과 이차함수
여러 가지 방정식
여러 가지 부등식
함수
무리함수와 유리함수
중1
문자와 식
일차방정식
일차방정식의 활용
중2
단항식과 다항식의 계산
연립일차방정식의 활용
일차부등식의 활용
연립일차부등식의 활용
중3
인수분해
이차방정식
중1
함수와 그래프
함수의 활용
중2
일차함수와 그래프
일차함수의 응용
중3
이차함수와 그래프
이차함수의 활용
초등
식 세워 풀기
그림, 표 이용해 풀기
규칙 찾아 풀기
답을 예상해 보고 확인해 풀기
거꾸로 생각해 풀기
수형도를 그려 풀기
초등
비와 비율
연비와 비례배분

일차방정식

이차방정식

삼차방정식과 사차방정식

연립방정식

부등식

CHAPTER 1

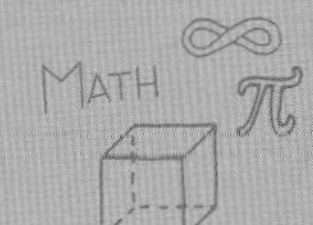

방정식과 부등식

01
일차방정식

#일차방정식, #해가_특수한_방정식

항등식에 대해 공부하면서, 등식은 방정식과 항등식으로 나눌 수 있다고 이야기했지? 이번 단원에서는 중학교 1학년 때 처음 배운 방정식에 대해 공부할 거야. 방정식은 친구들이 수학을 가장 많이 포기하기 시작하는 어려운 단원이야. 하지만 방정식이 무엇을 의미하는지부터 차근차근 짚어나가면 모두들 금방 이해할 수 있을 거야.

x에 대한 방정식

방정식 문제를 풀어 보기에 앞서 방정식의 의미를 살펴보자. 등식에는 방정식과 항등식이 있다고 했지? 우리가 지금까지 배운 항등식은 모든 x에 대해 성립하는 식이야. 반면 방정식은 특정한 값에 대해서만 성립하는 식으로, x에 대한 방정식이란 x의 값에 따라 참이 되기도 하고 거짓이 되기도 하는 등식을 의미해. 이때 미지수 x를 방정식의 해 또는 근이라고 하며, 방정식의 해를 구하는 것을 '방정식을 푼다'고 표현하지.

방정식은 미지수의 차수와 개수에 따라 구분해서 이름을 붙인단다. 예컨대 식을 간단하게 정리했을 때 '(x에 관한 일차식)$=0$'의 꼴로 변형이 되는 방정식은 x에 대한 일차방정식이라고 해. '(x에 관한 이차식)$=0$'의 꼴로 변형이 되면 이차방정식이고. 즉 구하고자 하는 값 x에 관한 n차식이 0의 꼴로 변형이 되는 방정식을 x에 대한 n차방정식이라고 한단다.

일차방정식

방정식의 기본 중 기본인 일차방정식부터 살펴보도록 하자. 일차방정식은 (x에 대한 일차식)$=0$의 꼴로 변형이 되는 방정식을 뜻해. 즉 $ax+b=0$ $(a \neq 0)$의 꼴로 정리할 수 있다면 이 등식을 x에 대한 일차방정식이라고 한단다. 가령 $2x+1=-5$라는 식은 $2x+6=0$으로 정리할 수 있으니 일차방정식이겠지?

일차방정식이 무엇인지 알았으니 이제 일차방정식의 해를 구하는 방법, 즉 일차방정식의 풀이에 대해 정리해 보자. 일차방정식의 해를 구하기에 앞서 등식의 성질과 이항의 개념을 먼저 확인하고 가야 한단다.

등식이란 등호로 연결된 수식을 뜻해. $A=B$라는 등식이 있을 때, 그 등식의 양변에 같은 수를 더하거나 빼거나 혹은 곱하거나 나눠도 등식이 성립한다는 성질이 있어.

용어 정리

x에 대한 방정식 x의 값에 따라 참이 되기도 하고, 거짓이 되기도 하는 등식. x는 방정식의 해 또는 근
방정식을 푼다 x의 값을 구한다. 방정식의 해 또는 근을 구한다.
x에 대한 n차방정식 (x에 관한 n차식)$=0$의 꼴로 변형되는 방정식

$$A=B \Rightarrow A+C=B+C$$

$$A=B \Rightarrow A-C=B-C$$

$$A=B \Rightarrow AC=BC$$

$$A=B,\ C\neq 0 \Rightarrow \frac{A}{B}=\frac{A}{C}$$

한편 이항이란 이러한 등식의 성질을 이용해 등식의 한 변에 있는 항을 다른 변으로 옮기는 것을 뜻한단다. 이항을 할 때는 + 부호는 −로, − 부호는 +로 부호가 바뀐다는 점을 명심해야 해. 즉, $x+1=4$라는 등식에서 1을 오른쪽으로 이항하면 $x=4-1$, $x=3$이 되고, 양변에 1을 빼도 $x=3$이 된단다.

일차방정식의 풀이는 이렇게 등식의 성질을 이용할 수도, 이항을 이용해 풀 수도 있어. 두 가지 방법 모두 어렵지 않으니까 편한 방법을 이용해 해를 구하면 된단다. 먼저 괄호가 있으면 괄호를 풀고, 계수가 복잡하면 정수로 만든 뒤 이항이나 등식의 성질을 이용해 a가 0이 아닌 $ax=b$의 꼴로 만들어 $x=\frac{b}{a}$로 풀면 돼.

예제 

다음 방정식을 풀어 보자.

1. $5x-1=3(x+1)$

→

2. $\frac{1}{2}x-1=\frac{1}{3}(x+1)$

→

해가 특수한 방정식

이번엔 해가 특수한 방정식에 대해 고민해 볼 거야. 앞에서 $ax=b$에서, $a\neq0$이라면 $x=\frac{b}{a}$라고 해를 구할 수 있다는 것을 배웠지. 그런데 만약 a가 0이면 어떻게 해를 구할까?

a로 양변을 나눈다고? 절대 안 돼! 수학에서 분모를 0으로 만드는 경우, 즉 0으로 나누는 경우는 없어. 그렇다면 이때는 어떻게 해야 할까? 여기서는 $a\neq0$인 경우뿐 아니라, $a=0$인 경우에 해를 구하는 방법에 대해 함께 정리해 보자.

먼저 $ax=b$의 형태인 방정식에서 a가 0이라면 $0\times x=b$가 될 거야. 이때 b도 0이면 당연히 x의 자리에는 모든 실수가 들어갈 수 있겠지? x의 자리에 어떤 값이 오더라도 좌변과 우변이 0이 되니까 말이야. 따라서 $ax=b$에서 a도 0, b도 0이면 x는 모든 실수가 답이 된단다.

한편 b가 0이 아닌 경우는 어떨까? 이 경우에는 $0\times x=b$를 만족하는 x가 해가 될 거야. 그런데 x에 어떤 값이 오더라도 좌변은 0인데, 우변은 0이 아니니 등식이 만족하지 않겠지? 따라서 $ax=b$에서 a는 0이고 b는 0이 아닐 때 해는 없다고 하면 돼.

엄밀하게 따지면 $ax=b$에서 a가 0이면 x의 계수가 0이 돼. 따라서 x항이 사라지니 이 식은 x에 대한 일차방정식이 아니야. 하지만 이 경우에도 해를 구하는 방법을 잘 알아두어야 해. 방정식을 풀 때는 a가 0인지, 0이 아닌지를 잘 살펴보고 그 조건에 따라서 답을 구해야 한단다.

용어 정리

해가 특수한 방정식

x에 대한 방정식 $ax=b$에서 $a=0$일 때

① b가 0인 경우 x는 모든 실수

② b가 0이 아닌 경우 x는 없다.

예제 

다음 방정식을 풀어 보자.

1. $(a-2)x=a(a-2)$

→

02
이차방정식

#이차방정식, #인수분해, #완전제곱식, #근의_공식, #판별식

일차방정식을 공부했으니 이제 다음으로 넘어갈 차례야. 바로 이차방정식이지!
(x에 관한 이차식)=0의 꼴로 변형 가능하다면 x에 대한 이차방정식이라고 한단다.
일차방정식과 마찬가지로 이차방정식을 푼다는 것은 (x에 관한 이차식)=0으로 변형되는 수식에서 x의 값을 구하는 것, 즉 이차방정식의 해 또는 근을 모두 구하는 것을 뜻한단다.

이차방정식의 풀이

이차방정식이란 앞서 공부했듯이 (x에 관한 이차식)=0의 꼴로 변형 가능한 식을 뜻해. 수학적으로 더 세련되게 표현하면 $ax^2+bx+c=0$($a\neq0$, a, b, c=상수)의 꼴로 정리된다면 x에 대한 이차방정식이라고 하고 만족하는 x의 값을 이차방정식의 해 또는 근이라고 해. 이렇게 x를 구하는 것을 역시 '이차방정식을 푼다'고 하고. 모두 일차방정식에서 했던 이야기라 이제 익숙하지?

이차방정식을 푸는 방법, 즉, 이차방정식의 해를 구하는 방법은 크게 세 가지로 나눌 수 있단다. '이차방정식을 푸는 세 가지 작전'이라고 이름 붙일게. 흥미진진하지? 첫 번째 작전은 인수분해를 이용하는 방법, 두 번째 작전은 완전제곱식을 이용한 풀이, 마지막으로 이 모두가 통하지 않는다면 세 번째 작전인 근의 공식을 이용하는 방법이 있어.

첫 번째 작전, 인수분해

우선 첫 번째 작전인 인수분해를 이용한 풀이부터 정리해 보도록 하자. 중학교 3학년 때 간단히 배웠던 부분이기도 하니까 복습하는 마음으로 공부해 보자. 이 작전에서 제일 중요한 것은 $AB=0 \Leftrightarrow A=0$ 또는 $B=0$ 성질을 이용한다는 점이야.

$AB=0 \Leftrightarrow A=0$ 또는 $B=0$이라는 성질이 뜻하는 것이 무엇일까? 두 수를 곱해서 0이 된다는 것은 둘 중 적어도 하나가 0이라는 의미야. 마찬가지로 두 식을 곱해 0이 되었다는 것은 두 식 중 적어도 하나는 식의 값이 0이라는 뜻이고, 이 사실을 이용하면 방정식의 해를 구할 수 있단다.

$$(x-1)(x+2)=0$$

이 이차방정식을 볼까? 방금 배운 성질을 이용하면 이 식은 $(x-1)$ 또는 $(x-2)$가 0이라는 것을 알 수 있어. 따라서 이 식을 성립하는 x의 값, 즉 해(또는 근)는 1 또는 -2가 되겠지?

인수분해를 이용한 첫 번째 작전에서는 먼저 주어진 이차방정식을 좌변으로 이항해서, $ax^2+bx+c=0(a\neq0)$의 꼴로 정리해야 해. 그 다음 좌변을 인수분해해서 $AB=0$의 꼴로 만든 뒤, 이 성질을 성립하는 x의 값을 구하면 된단다.

인수분해를 이용한 이차방정식의 풀이는 이차방정식을 푸는 가장 기본적인 방법이야. 이 방법은 인수분해를 잘 할 수 있는지가 중요하니 인수분해를 잊어버렸다면 다시 한 번 보는 게 좋아.

두 번째 작전, 완전제곱식

이차방정식의 해를 구하고자 할 때 만약 인수분해가 되지 않는다면, 즉 첫 번째 작전이 실패했다면 그 다음 작전으로 완전제곱식을 이용한 풀이가 가능한지 점검해야 해. 완전제곱식을 이용한 풀이는 특수한 꼴, 예컨대 $x^2=3$, $(x-1)^2=2$와 같은 식에 쉽게 쓸 수 있는 방법이야.

예제 

다음 이차방정식의 해를 구해 보자.

1. $(2x-1)(x+5)=0$

→

2. $x^2+3x-10=0$

→

3. $2x^2-5x-3=0$

→

$x^2=k(k\geq 0)$의 해 : $x=\pm\sqrt{k}$

$(x-p)^2=k(k\geq 0)$의 해 : $x-p=\pm\sqrt{k} \Rightarrow x=p\pm\sqrt{k}$

두 번째 작전은 제곱근의 성질을 이용한 풀이란다. 앞서 x^2이 k이고 k가 0보다 크거나 같은 경우, x의 값은 $\pm\sqrt{k}$라는 것을 배웠던 것 기억나니? 이 성질을 응용하면 $(x-p)^2=k$이고, k가 0보다 크거나 같은 경우 $(x-p)$의 값은 $\pm\sqrt{k}$가 되고, x는 p를 이항시켜 $p\pm\sqrt{k}$가 된단다. '무엇을 제곱하면 k가 될까?'를 떠올리면서 문제를 푸는 거지.

제곱근의 성질을 이용해 조금 더 복잡한 형태의 이차방정식을 풀기 위해 완전제곱식의 개념을 이용해 볼 거야. 완전제곱식이란 다항식의 제곱으로 이루어진 식 또는 다항식의 제곱에 상수를 곱한 식을 의미한단다. 가령 $(x-3)^2$인 x^2-6x+9나 $\left(x-\frac{3}{2}\right)^2$인 $x^2-3x+\frac{9}{4}$같은 식을 뜻하지. 물론 우리는 이미 곱셈공식을 공부할 때 $(a+b)^2=a^2+2ab+b^2$, $(a-b)^2=a^2-2ab+b^2$라는 두 식을 통해 완전제곱식의 의미를 확인한 적이 있어.

완전제곱식을 이용해 이차방정식의 해를 구하기 위해서는 $ax^2+bx+c=0(a\neq0)$을 $(x-p)^2=k$의 꼴로 고치고, 제곱근의 성질을 이용해 풀면 된단다. 먼저 주어진 이차방정식에서 이차항의 계수로 양변을 나누어 이차항의 계수를 1로 만들고, 상수항을 우변으로 이항해 k의 값을 만들어 줘야 해. 그 뒤 완전제곱식을 만들기 위해 양쪽에 $\left(\frac{\text{일차항의 계수}}{2}\right)^2$를 더하고, 제곱근의 성질을 이용하면 돼.

왜 양변에 $\left(\frac{\text{일차항의 계수}}{2}\right)^2$를 더하는 걸까?

이는 주어진 식이 완전제곱식이 되기 위해서 어떤 수가 들어가야 하는지를 살펴보면 쉽게 이해할 수 있단다. 예제를 통해 살펴볼까?

$$x^2-6x+\square=(x-3)^2$$
$$\hookrightarrow 9=(-3)^2=\left(\frac{\text{일차항의 계수}}{2}\right)^2$$
$$x^2+10x+\square=(x+5)^2$$
$$\hookrightarrow 25=5^2=\left(\frac{\text{일차항의 계수}}{2}\right)^2$$
$$x^2-12x+\square=(x-6)^2$$
$$\hookrightarrow 36=(-6)^2=\left(\frac{\text{일차항의 계수}}{2}\right)^2$$

사실 이차방정식 문제에서 인수분해를 이용한 작전에 실패하면 완전제곱식을 이용한 이 두 번째 작전으로 다 풀리게 되어 있단다. 하지만 처음부터 완전제곱식 형태로 만들어져 있는 $x^2=6$이나 $2(x+1)^2=5$ 같은 방정식은 완전제곱식을 이용하면 간편하게 문제를 풀 수 있는 반면에 $2x^2-7x+2=0$와 같이 완전제곱식을 우리가 직접 만들어야 하는 경우엔 풀이가 만만치 않아.

이렇게 복잡한 방정식을 풀 때는 차라리 근의 공식이라는 세 번째 작전을 쓰는 게 훨씬 빠르고 정확하단다. 그래서 이제부터 근의 공식을 이용한 풀이를 알려줄게. 아 참, 그리고 곧 알게 되겠지만 근의 공식은 사실 완전제곱식을 이용한 풀이를 하다가 유도된 공식이기 때문에 결국 완전제곱식을 이용한 풀이나 근의 공식을 이용한 풀이의 뿌리는 같다는 사실을 명심하렴.

$$x^2-6x-4=0$$
$$x^2-6x=4$$
$$x^2-6x+9=4+9$$
$$(x-3)^2=13$$
$$x-3=\pm\sqrt{13}$$
$$x=3\pm\sqrt{13}$$

용어 정리

완전제곱식을 이용한 이차방정식의 풀이

① 주어진 이차방정식에서 이차항의 계수로 양변을 나누어 이차항의 계수를 1로 만들어준다.

② 상수항을 우변으로 이항.

③ 양변에 $\left(\frac{\text{일차항의 계수}}{2}\right)^2$를 더한다.

④ $(x-p)^2=k$의 꼴로 고친다.

⑤ 제곱근을 이용해 이차방정식을 푼다.

예제 

다음 이차방정식을 풀어 보자.

1. $x^2=6$

➡

2. $2x^2=3$

➡

3. $(x-1)^2=2$

➡

4. $2(x+1)^2=5$

➡

5. $2x^2-7x+2=0$

➡

근의 공식을 이용한 풀이

이차방정식의 해를 구할 때, 첫 번째 작전도 실패하고, 두 번째 작전을 쓰기에 식이 너무 복잡하다면, 이제 마지막으로 써 볼 수 있는 세 번째 작전! 바로 근의 공식을 이용한 풀이란다. 근의 공식은 말 그대로 이차방정식의 근 x를 직접 공식으로 구할 수 있도록 알려주는 것이니까, 그냥 외우고 대입해서 근을 구하면 되는 매우 단순한 방법이란다. 또한 첫 번째 작전과 두 번째 작전 모두 실패했더라도 언제나 x를 구할 수 있는 만능 공식이라고 할 수 있지. 하지만 공식을 외우고 대입하는 과정에서 숫자가 크면 다소 계산이 복잡할 수 있어. 따라서 공식을 명확하게 외우고 잘 대입하는 연습을 하는 게 중요하단다. 그럼 지금부터 근의 공식을 살펴보고, 왜 이런 공식이 나오게 된 것인지 함께 살펴보도록 하자고!

$$x=\frac{-b\pm\sqrt{b^2-4ac}}{2a}$$

이차방정식의 근의 공식이란 $ax^2+bx+c=0$(a, b, c는 상수, $a\neq0$)의 근을 구하는 공식이란다. 어떻게 이런 공식이 나오게 되었는지 궁금하지 않니? 근의 공식은 완전제곱식 작전을 쓰다가 나온 결과이며 결국 그 둘은 뿌리가 같다고 이야기했지? 완전제곱식 작전을 쓰다 보면 자연스럽게 근의 공식이 따악~ 탄생하는 것이니 지금부터 잘 따라오기만 하렴!

$$ax^2+bx+c=0(a\neq0)$$ 양변을 x^2의 계수인 a로 나눠

$$x^2+\frac{b}{a}x+\frac{c}{a}=0$$ 상수항 $\frac{c}{a}$를 우변으로 이항

$$x^2+\frac{b}{a}x+\left(\frac{b}{2a}\right)^2=-\frac{c}{a}+\left(\frac{b}{2a}\right)^2$$ 완전제곱식으로 만들기!

$$\left(x+\frac{b}{2a}\right)^2=-\frac{c}{a}+\left(\frac{b}{2a}\right)^2$$

$$\left(x+\frac{b}{2a}\right)^2=-\frac{4ac}{4a^2}+\frac{b^2}{4a^2}=\frac{b^2-4ac}{4a^2}$$

$$x+\frac{b}{2a}=\pm\sqrt{\frac{b^2-4ac}{4a^2}}=\pm\frac{\sqrt{b^2-4ac}}{2a}$$

$$x=-\frac{b}{2a}\pm\frac{\sqrt{b^2-4ac}}{2a}=\frac{-b\pm\sqrt{b^2-4ac}}{2a}$$

다소 복잡해 보이긴 하지만 근의 공식을 유도하는 과정은 완전제곱식을 이용해 근을 구하는 과정과 같단다. 그리고 이 과정은 한 번쯤 이해만 해 두는 정도로 하렴. 사실 근의 공식은 유도 과정보다도 근의 공식의 결과를 적용해 근을 구하는 것이 오히려 더 중요하거든. 이 과정을 다 할 필요 없이 $x=\frac{-b\pm\sqrt{b^2-4ac}}{2a}$이라는 근의 공식을 기억하고 대입해 x의 값을 구하는 연습을 많이 해 보면 된단다. 자, 어때? 근의 공식을 이용하니 계산 실수만 하지 않으면 되겠다는 생각이 들지?

근의 공식을 통해 이차방정식의 해를 구하는 것은 보기에는 머리가 아프고 복잡하지만 일단 외우고 이를 통해 몇 번 익숙해지면 정말 간단한 방법이야. 그런데 한 가지 더 기억하면 좋을 공식이 있어. 바로 '짝수 공식'이야. 이는 $ax^2+bx+c=0$(a, b, c는 상수, $a\neq0$), 그중에서도 b가 짝수인 식 $(b=2b')$의 근을 구할 때 사용하는 공식이란다.

$$x=\frac{-b'\pm\sqrt{b'^2-ac}}{a}$$

그렇다면 짝수 공식은 어떻게 해서 나오게 된 것일까 궁금하지 않니? 만약 짝수 공식을 쓰지 않고 그냥 기본 근의 공식을 쓰면 어떻게 될지도 궁금하지? 사실 b가 짝수이더라도 기본 근의 공식을 쓰든 짝수 공식을 쓰든 답은 똑같이 나오게 되어 있어. 하지만 짝수 공식을 쓰지 않고 기본 근의 공식을 쓰게 되면 나중에 약분을 해야 하는 다소 복잡한 상황이 닥친단다. 물론 '나는 약분을 나중에 할 거야'라고 생각한다면 상관없지만 수학에서는 조금 더 간결한 걸 좋아해. 계산의 편의를 위해 등장한 짝수 공식. 왜 그런지는 좀 알고 써먹자고!

$ax^2+bx+c=0(a\neq0, b=2b')$ 근의 공식에 $b=2b'$를 넣고 정리!

$$x=\frac{-b\pm\sqrt{b^2-4ac}}{2a}=\frac{-2b'\pm\sqrt{(2b')^2-4ac}}{2a}=\frac{-2b'\pm\sqrt{4b'^2-4ac}}{2a}$$

$$x=\frac{-2b'\pm\sqrt{4}\sqrt{b'^2-ac}}{2a}=\frac{-2b'\pm2\sqrt{b'^2-ac}}{2a}$$

$$x=\frac{-b'\pm\sqrt{b'^2-ac}}{a}$$

용어 정리

이차방정식을 푸는 세 가지 작전

첫 번째 작전, 인수분해로 $(x-\alpha)(x-\beta)=0$의 형태로 만든 뒤 식을 성립하는 α와 β를 구한다.

두 번째 작전, 완전제곱식 $(x-p)^2=k$의 형태로 만든 뒤 제곱근을 이용해 해를 구한다.

세 번째 작전, 근의 공식 $x=\frac{-b\pm\sqrt{b^2-4ac}}{2a}$ $\left(\text{짝수 공식 : } x=\frac{-b'\pm\sqrt{b^{2\prime}-ac}}{2a}\right)$를 이용한다.

짝수 공식은 b가 짝수일 때 근의 공식의 마지막에 2로 약분해야 한다는 사실을 깨닫고 미리 2로 약분한 근의 공식이라고 생각하면 된단다. 짝수 공식을 쓰지 않고 그냥 근의 공식을 써도 이렇게 상관없지만 마지막에 2로 약분을 무조건 해야 하는 번거로움이 생긴다는 것! 따라서 시간을 아끼고 실수를 줄이려면 짝수 공식도 잘 기억하는 게 좋겠지?

예제 

근의 공식을 이용하여 다음 이차방정식의 근을 구해 보자.

1. $2x^2+7x-2=0$

→

2. $x^2-4x-2=0$

→

3. $2x^2-4x+1=0$

→

이차방정식의 판별식

이차방정식의 근 x는 크게 실근과 허근으로 나눌 수 있단다. 실근이란 말 그대로 실수인 근을 의미하고, 허근이란 역시 허수인 근을 의미하지. 또 실근은 서로 다른 두 실근과 서로 같은 두 실근, 즉 한 실근으로 나뉜단다. 인수분해를 하든 근의 공식을 쓰든 직접 근을 구해 보면 실근인지 허근인지 쉽게 구분이 가능하지만, 직접 근을 구하지 않고도 실근과 허근 중 어떤 종류의 근을 갖는지 아는 게 가능하다면 어떨까? 그 열쇠는 바로 이차방정식의 판별식 D가 쥐고 있단다.

$$x^2-x-1=0$$

먼저 이 식의 근을 근의 공식으로 구해 볼까?

용어 정리

이차방정식 $ax^2+bx+c=0$($a\neq0$, a, b, c**는 실수**)**의 판별식** $D=b^2-4ac$

$D>0 \iff$ 서로 다른 두 실근

$D=0 \iff$ 서로 같은 두 실근(한 실근)

$D<0 \iff$ 서로 다른 두 허근

이차방정식 $ax^2+bx+c=0$($a\neq0$, a, b, c**는 실수**)(b**는 짝수,** $b=2b'$)**의 판별식**

$\frac{D}{4}=b'^2-ac$

$\frac{D}{4}>0 \iff$ 서로 다른 두 실근

$\frac{D}{4}=0 \iff$ 서로 같은 두 실근(한 실근)

$\frac{D}{4}<0 \iff$ 서로 다른 두 허근

$$x=\frac{-(-1)\pm\sqrt{1-4\times1\times(-1)}}{2\times1}=\frac{1\pm\sqrt{5}}{2}$$

이 식의 근은 $\frac{1+\sqrt{5}}{2}$와 $\frac{1-\sqrt{5}}{2}$, 이렇게 두 가지야. 즉, 서로 다른 두 실근을 가지고 있지.

$$x^2+2x+1=0$$

이번엔 이 식의 근을 구해 보자.

$$x=\frac{-1\pm\sqrt{1-1\times1}}{1}=\frac{-1\pm\sqrt{0}}{1}=-1$$

어라, 이 이차방정식의 근은 -1 하나뿐이지? 이럴 때는 서로 같은 두 실근, 즉 한 실근을 가지고 있다고 해.

$$x^2-x+1=0$$

마지막으로 한 번 더, 이 식의 근을 구해 보자.

$$x=\frac{-(-1)\pm\sqrt{1-4\times1\times1}}{2\times1}=\frac{1\pm\sqrt{-3}}{2}=\frac{1\pm\sqrt{3}i}{2}$$

이번엔 다시 근이 2개, $\frac{1+\sqrt{3}i}{2}$, $\frac{1-\sqrt{3}i}{2}$가 나왔네? 이 근은 앞에서 배웠던 허수 단위 i가 포함되어 있으니 허근이지?

뭔가 조금 감이 오지 않니? 바로 근의 공식을 통해 구한 근의 근호 안의 수에 의해 방정식의 근이 실근과 허근으로 구별된다는 점이야.

$b^2-4ac>0$: 서로 다른 두 실근

$$x=\frac{-(-1)\pm\sqrt{1-4\times1\times(-1)}}{2\times1}=\frac{1\pm\sqrt{5}}{2}$$

$b^2-4ac>0$: 서로 같은 두 실근(한 근)

$$x=\frac{-1\pm\sqrt{1-1\times1}}{1}=\frac{-1\pm\sqrt{0}}{1}$$

$b^2-4ac<0$: 서로 다른 두 허근

$$x=\frac{-(-1)\pm\sqrt{1-4\times1\times1}}{2\times1}=\frac{1\pm\sqrt{-3}}{2}=\frac{1\pm\sqrt{3}i}{2}$$

이처럼 굳이 근의 공식을 쓰지 않아도 $\sqrt{\ }$ 기호 안의 수, 즉 b^2-4ac 또는 b가 짝수일 때는 b'^2-ac의 부호로 근의 종류가 실근인지 허근인지, 실근이라면 서로 다른 두 실근인지 한 실근인지를 판단할 수 있단다. 근호 안의 기호가 0보다 크면 서로 다른 두 실근, 0이면 한 실근, 0보다 작으면 서로 다른 두 허근이 되거든. 그리고 이 근호 안의 식, b^2-4ac는 D라 이름 붙이고, 이차방정식의 판별식이라 불러. 일명 이차방정식의 근의 종류를 판단, 판별하는 식이라고 생각하면 된단다. 물론 b가 짝수일 때에는 근의 공식으로 짝수 공식을 쓰듯이 판별식을 쓸 때에도 짝수 공식에 해당되는 판별식을 쓰면 된단다. 이 짝수 판별식은 $\frac{D}{4}$라고 불러.

예제 

판별식으로 다음 이차방정식의 근의 종류를 판단해 보자.

1. $x^2-5x+2=0$

→

2. $4x^2-4x+1=0$

→

3. $2x^2-4x+3=0$

→

이차방정식의 중근

이차방정식이 실근을 갖는 경우는 서로 다른 두 실근을 갖는 경우와 한 실근을 갖는 경우로 나눌 수 있었지? 그중 한 실근을 갖는 경우를 자세히 살펴볼 거야. 한 실근을 갖는다는 것은 이차방정식 $ax^2+bx+c=0$($a\neq0$, a, b, c는 실수)에서, 실제로는 2개의 실근이 완전히 똑같아서 실근 하나만

중근임을 판단하는 법

$ax^2+bx+c=0$($a\neq0$, a, b, c는 실수)에서, 중근을 갖는다!

① 판별식 $D=b^2-4ac=0$ 또는 $\frac{D}{4}=b'^2-ac=0$ ⇒ 판별식=0 인 것으로 확인 가능.

② (완전제곱식)=0으로 인수분해! ⇒ 근이 한 개 뿐임을 직접 구해서 확인 가능.

예 $x^2-10x+25=0$

① $\frac{D}{4}=b'^2-ac=25-1\times25=25-25=0$ ∴ 판별식=0이므로, 중근을 갖는다.

② $(x-5)^2=0$으로 인수분해! ∴ $x=5$로 중근을 갖는다.

예제 

다음 이차방정식의 근의 종류를 판단해보자.

1. $x^2-8x+16=0$

⇢

2. $9x^2+12x+4=0$

⇢

갖는 것처럼 보이는 걸 뜻해. 따라서 중복되어 같은 근이라는 의미로 '중근'이라고 표현하기도 한단다.

이차방정식이 언제 중근을 갖는지 알고 싶다면, 앞에서 얘기했듯 판별식 $D=b^2-4ac=0$ 또는 $\frac{D}{4}=b'^2-ac=0$을 활용하면 좋아. 그리고 여기서 중요한 또 한 가지! 판별식을 써보지 않고도 중근을 갖는지를 쉽게 판단 가능한 방법이 있단다. 바로 '완전제곱식$=0$'의 꼴로 인수분해가 되는지 확인하는 거야. 계산이 복잡하지 않을 땐 이 방법이 더 유용하단다.

해를 알 때 이차방정식 완성하기

지금까지는 이차방정식이 주어지면 해를 구하는 연습을 주로 했어. 그렇다면 반대로 해를 알고, 그 해를 x의 값으로 가지는 이차방정식을 구할 수도 있을까?

이차방정식이 $(x-1)(x+2)=0$으로 인수분해된다면 두 근은 $x=1$, -2야. 그렇다면 거꾸로 두 근이 $x=1$, -2이라고 주어져 있다면, 이차방정식은 원래 어떤 모양이었을까? $(x-1)(x+2)=0$와 같은 모양이었을 거야.

용어 정리

해를 알 때 이차방정식 완성하기

서로 다른 두 근을 갖는 이차방정식, 단 x^2의 계수는 1

$\Leftrightarrow$ $(x-$한 근$)(x-$또 다른 한 근$)=0$

$x^2-($두 근의 합$)x+($두 근의 곱$)=0$

물론 $2(x-1)(x+2)=0$, $-5(x-1)(x+2)=0$ 같은 식일 수도 있어. 하지만 계수가 무엇이든 이런 방정식의 두 근은 모두 $x=1$, -2가 된단다. 그래서 일반적으로는 $a(x-1)(x+2)=0$이라고 쓸 수 있어. x^2의 계수는 보통 문제에서 정해 주니 그걸 따르면 되고. 정리해 보면 서로 다른 두 근 α, β를 갖고, x^2의 계수는 1인 이차방정식은 이렇게 일반화해서 표현할 수 있겠지?

$$(x-\alpha)(x-\beta)=0$$
$$x^2-(\alpha+\beta)x+\alpha\beta=0$$

$(x-\alpha)(x-\beta)=0$ 식을 전개해서 x에 관한 내림차순으로 정리해 보면, $x^2-(\alpha+\beta)x+\alpha\beta=0$라는 식도 자연스럽게 얻을 수 있어. 따라서 두 근과 x^2의 계수를 알고 있을 때 이차방정식을 완성하는 방법은 이렇게 두 가지로 정리해두면 된단다. 해를 알 때 이차방정식 완성하는 법은 매우 중요하니까 잘 기억해야 해. 입으로 자꾸 연습하는 것도 좋단다.

예제 

다음 조건을 만족시키는 이차방정식을 완성해 보자.

1. -2, 5를 근으로 갖고, x^2의 계수는 1인 이차방정식

→

2. -1(중근)을 근으로 갖고, x^2의 계수는 1인 이차방정식

→

이차방정식의 근과 계수의 관계

이번에는 이차방정식의 근을 구하지 않고 두 근의 곱과 합을 구하는 방법을 배울 거야. 근을 구하지 않아도 근이 몇 개인지, 그리고 그 근의 곱과 합이 무엇인지 알 수 있다니 정말 신기하지? 이렇게 이차방정식에서 두 근의 합과 곱을 알아 보는 것을 '이차방정식의 근과 계수의 관계'라고 한단다.

$ax^2+bx+c=0(a\neq0)$의 두 근을 α, β라 하면,

① 두 근의 합 $\alpha+\beta=-\dfrac{b}{a}$

② 두 근의 곱 $\alpha\beta=\dfrac{c}{a}$

정말 편리하지? 왜 이런 결과가 나오는 걸까? 두 가지 방법으로 생각해 볼 수 있어. 첫 번째는 근의 공식에 의해 직접 근을 구한 뒤에 두 근의 합과 곱을 구해 보는 방법이야.

$ax^2+bx+c=0(a\neq0)$의 두 근을 α, β라 하면,

$$\alpha=\frac{-b+\sqrt{b^2-4ac}}{2a},\ \beta=\frac{-b-\sqrt{b^2-4ac}}{2a}$$

① 두 근의 합 $\alpha+\beta=\dfrac{-b+\sqrt{b^2-4ac}}{2a}+\dfrac{-b-\sqrt{b^2-4ac}}{2a}$

$$=\frac{-b+\sqrt{b^2-4ac}-b-\sqrt{b^2-4ac}}{2a}$$

$$=\frac{-2b}{2a}=-\frac{b}{a}$$

② 두 근의 곱 $\alpha\beta=\left(\dfrac{-b+\sqrt{b^2-4ac}}{2a}\right)\times\left(\dfrac{-b-\sqrt{b^2-4ac}}{2a}\right)$

$$=\frac{(-b+\sqrt{b^2-4ac})(-b-\sqrt{b^2-4ac})}{4a^2}$$

$$=\frac{(-b)^2-(\sqrt{b^2-4ac})^2}{4a^2}=\frac{b^2-(b^2-4ac)}{4a^2}$$

$$=\frac{4ac}{4a^2}=\frac{c}{a}$$

계산이 다소 복잡하긴 해도 단순한 방법이야. 근의 공식으로 직접 x의 값을 구한 뒤에 그대로 더하고 곱해서 정리만 한 거란다.

두 번째로는 조금 더 쉬운 방법으로 증명이 가능해. $ax^2+bx+c=0$ $(a\neq0)$의 두 근을 α, β라 하고, 두 근을 알 때 이차방정식을 완성하는 방법을 써 보자. x^2의 계수는 a이므로, $a\{x^2-$(두 근의 합)$x+$(두 근의 곱)$\}=0$, 즉 $a\{x^2-(\alpha+\beta)x+\alpha\beta\}=0$라고 정리할 수 있지? 그렇다면 $a\{x^2-(\alpha+\beta)x+\alpha\beta\}=0$과 원래 주어진 $ax^2+bx+c=0$은 같은 식이 될 테니, 모두 양변을 a로 나눈 뒤 x를 기준으로 계수를 비교하고 정리하면,

$$a\{x^2-(\alpha+\beta)x+\alpha\beta\}=0 \iff ax^2+bx+c=0$$

$$x^2-(\alpha+\beta)x+\alpha\beta=0 \iff x^2+\frac{b}{a}x+\frac{c}{a}=0$$

$$\therefore -(\alpha+\beta)=\frac{b}{a},\ \alpha\beta=\frac{c}{a}$$

근과 계수의 관계에서 사용되는 곱셈공식의 변형

- $a^2+b^2=(a+b)^2-2ab$
  $a^2+b^2=(a-b)^2+2ab$
  $(a+b)^2=(a-b)^2+4ab$
- $a^3+b^3=(a+b)^3-3ab(a+b)$
  $a^3-b^3=(a-b)^3+3ab(a-b)$
- $a^2+b^2+c^2=(a+b+c)^2-2(ab+bc+ca)$

$$① \text{ 두 근의 합 } \alpha+\beta=-\frac{b}{a}$$

$$② \text{ 두 근의 곱 } \alpha\beta=\frac{c}{a}$$

근과 계수의 관계에서는 다음과 같이 곱셈공식의 변형과 연관지어 자주 문제가 출제된단다. 곱셈공식의 변형은 억지로 외우는 것이 아니라 만드는 공식이라고 예전에도 이야기했었지? 혹시 그 부분이 생각나지 않는다면 다시 한 번 복습이 필요해.

가령 $x^2+2x-5=0$의 두 근을 α, β라 할 때, $\alpha^2+\beta^2$의 값은 무엇일까? 먼저 이 방정식에서 두 근의 합은 $\alpha+\beta=-\frac{2}{1}=-2$, 두 근의 곱은 $\alpha\beta=\frac{-5}{1}=-5$야. 그리고 앞서 잠깐 배웠던 곱셈공식의 변형에서 $a^2+b^2=(a+b)^2-2ab$이었으니 이렇게 정리할 수 있어.

$$\begin{aligned}\alpha^2+\beta^2&=(\alpha+\beta)^2-2\alpha\beta=(-2)^2-2\times(-5)\\&=4+10=14\end{aligned}$$

이차방정식의 켤레근

복소수를 배울 때 나왔던 켤레복소수를 기억하니? 이를테면, $2+3i$의 켤레복소수 $2-3i$처럼 복소수에서 양말과 같이 허수부분의 부호만 바꾸어 쓴 것을 바로 켤레복소수라고 했었어.

이제 배울 내용은 이차방정식의 켤레근이야. 켤레근이란 켤레복소수처럼 이차방정식에서 근이 항상 켤레 모양으로 갖게 된다는 뜻이야. 예컨대 한 근이 $2+3i$이면 또 다른 한 근은 $2-3i$이 된다는 것이지. 물론 전제 조건

예제 

근과 계수의 관계를 이용해 다음 물음에 답해 보자.

$x^2-2x-2=0$에서 두 근을 α, β라 할 때,

1. 두 근의 합 $\alpha+\beta$

→

2. 두 근의 곱 $\alpha\beta$

→

3. $\alpha^2+\beta^2$

→

4. $\alpha^3+\beta^3$

→

이 있어. 이차방정식의 계수가 실수여야 한다는 사실!

계수가 실수인 이차방정식에서

한 근이 $p+qi$이면, 다른 한 근은 $p-qi$(단, p, q는 실수)

대체 왜 이런 일이 생기는 것일까? 이유는 의외로 간단하단다. 이차방정식의 근의 공식에 의하면 $ax^2+bx+c=0$(a, b, c는 상수, $a\neq0$)의 근은 $x=\frac{-b+\sqrt{b^2-4ac}}{2a}$, $\frac{-b-\sqrt{b^2-4ac}}{2a}$ 이렇게 두 가지야. 이때, 계수인 a, b, c가 실수라면 두 근은 $\sqrt{b^2-4ac}$ 부분의 부호만 다르고. 바로 이거야!

예를 들어 두 근 중 한 근이 $x=\frac{1+\sqrt{-2}}{2}$라고 한다면, 또 다른 한 근은 $\sqrt{b^2-4ac}$, 즉 $\sqrt{-2}$ 부분의 부호만 바뀐 $\frac{1-\sqrt{-2}}{2}$이 될 거야. 그렇다면 두 근은 $x=\frac{1+\sqrt{2}i}{2}$, $\frac{1-\sqrt{2}i}{2}$가 되어 켤레복소수를 근으로 갖게 된단다.

$x^2+ax+b=0$의 한 근이 $1+i$일 때, 실수 a, b의 값

그렇다면 이 성질을 응용해서 x에 대한 이차방정식 $x^2+ax+b=0$의 한 근이 $1+i$일 때, 실수 a, b의 값을 구해볼까? 먼저 또 다른 한 근은 $1-i$이 될 거야. 또한 방금 공부한 근과 계수의 관계에 따르면 두 근의 합은 $(1+i)+(1-i)=2$, 두 근의 곱은 $(1+i)(1-i)=1-i^2=1-(-1)=2$가 되니 $a=-2$, $b=2$라는 걸 알 수 있어. 이처럼 이차방정식의 켤레근과 이차방정식의 근과 계수의 관계는 세트로 많이 문제화된단다. 매우 중요한 두 가지 내용이니 반드시 기억해 두어야 해.

비슷한 내용은 중학교 때에도 어렴풋이 배웠어. 물론 기억이 잘 나지 않아도 좋아. 지금 배운 것과 연관이 있으니까 함께 비교해서 복습 잠깐 해볼까? 이번엔 계수가 모두 유리수인 이차방정식에서 한 근이 $2+\sqrt{3}$이라면,

또 다른 한 근은 $\sqrt{}$ 의 앞부분의 부호만 바꾼 $2-\sqrt{3}$이 된다는 내용이야. 여기서 포인트는 계수가 유리수! 바로 계수가 유리수일 때, 두 근의 모양은 무리수 부분의 부호만 바뀐다는 사실이지.

이것도 역시 근의 공식을 떠올려보면 자연스럽게 이해가 간단다. 이차방정식의 근의 공식에 의하면 $ax^2+bx+c=0$(a, b, c는 상수, $a\neq0$)의 근은 $x=\dfrac{-b+\sqrt{b^2-4ac}}{2a}$, $\dfrac{-b-\sqrt{b^2-4ac}}{2a}$ 이렇게 두 가지이고, 계수인 a, b, c가 유리수라면 두 근은 $\sqrt{b^2-4ac}$ 부분의 부호만 다르다는 것 보이지? 역시 예를 들어 살펴볼게. 두 근 중 한 근이 $x=\dfrac{1+\sqrt{2}}{2}$라고 한다면, 또 다른 한 근은 $\sqrt{b^2-4ac}$, 즉 $\sqrt{2}$ 부분의 부호만 바뀐 $\dfrac{1-\sqrt{2}}{2}$이 될 거야. 그렇다면 두 근은 $x=\dfrac{1+\sqrt{2}}{2}$, $\dfrac{1-\sqrt{2}}{2}$가 된다는 사실!

03
삼차방정식과 사차방정식

#인수분해, #조립제법, #복이차식의_인수분해, #치환

이제부터는 차수를 높여서 삼차방정식과 사차방정식의 풀이에 대해 공부할 거야. 이차방정식의 근을 구하는 방법이 무엇이 있었는지 기억나니? 우선 인수분해가 되는지 살피고, 그 다음엔 완전제곱식, 그래도 안 되면 근의 공식을 사용한 세 단계 작전이 있었어. 삼차방정식과 사차방정식도 가장 기본적인 풀이 방법은 인수분해야. 물론 근의 공식도 있지만 이 부분은 너무 복잡해서 고등학교에서는 다루지 않는단다.

삼차방정식의 풀이

삼차방정식의 해는 인수분해를 통해 구할 수 있어. 이때 세 수를 곱한 값이 0이면 셋 중 적어도 하나는 0이라는 성질을 이용한단다. 마찬가지로 세 식을 곱해서 0이 된다면, 역시 세 식 중 적어도 하나는 식의 값이 0이겠지?

$$ABC=0 \iff A=0 \text{ 또는 } B=0 \text{ 또는 } C=0$$

따라서 주어진 삼차방정식을 좌변으로 이항해 $ax^3+bx^2+cx+d=0(a\neq0)$의 꼴로 정리한 뒤, 좌변을 인수분해해서 $ABC=0 \iff A=0$

또는 $B=0$ 또는 $C=0$임을 이용하면 해를 구할 수 있어.

인수분해에서 실수만 하지 않으면 삼차방정식의 해를 구하는 과정은 매우 쉬워. 그렇다면 이제 삼차식의 인수분해를 어떻게 잘 할 수 있는지가 중요하겠지? 앞에서 고차식의 인수분해(삼사차식의 인수분해) 방법을 정리한 적이 있는데, 기억나니?

먼저 삼차식의 인수분해를 하는 첫 번째 방법은 기본공식을 이용하는 거야. 이때 사용하는 공식은 이렇단다.

$$\begin{cases} a^3+b^3=(a+b)(a^2-ab+b^2) \\ a^3-b^3=(a-b)(a^2+ab+b^2) \end{cases}$$

$$\begin{cases} a^3+3a^2b+3ab^2+3b^3=(a+b)^3 \\ a^3-3a^2b+3ab^2-3b^3=(a-b)^3 \end{cases}$$

가령 다음 식을 살펴볼까?

$$x^3-1=0$$

이 식은 위에서 본 공식 중 두 번째 공식, $a^3-b^3=(a-b)(a^2+ab+b^2)$을 이용하면 돼.

$$x^3-1=(x-1)(x^2+x+1)$$

$$x-1=0 \text{ 또는 } x^2+x+1=0$$

$$\therefore x=1 \text{ 또는 } x=\frac{-1\pm\sqrt{1-4}}{2}=\frac{-1\pm\sqrt{3}i}{2} \text{ (근의 공식)}$$

한편 기본공식이 적용되지 않는 경우에는 한 문자에 대한 내림차순으로 정리한 뒤 앞서 배웠던 '조립제법'을 활용하면 된단다. 이게 바로 삼차식 인수분해의 두 번째 방법이야.

$$x^3-4x^2-x+4=0$$

$$\begin{array}{r|rrrr} 1 & 1 & -4 & -1 & 4 \\ & & 1 & -3 & -4 \\ \hline & 1 & -3 & -4 & \boxed{0} \end{array}$$

$(x-1)(x^2-3x-4)=(x-1)(x-4)(x+1)=0$

$x-1=0$ 또는 $x+4=0$ 또는 $x+1=0$

$\therefore$ $x=1$ 또는 $x=-4$ 또는 $x=-1$

예제 

다음 삼차방정식의 근을 구해 보자.

1. $x^3-6x^2+12x-8=0$

→

2. $x^3-3x^2+2=0$

→

사차방정식의 풀이

삼차방정식을 푸는 방법을 배웠으니 이제 사차방정식을 풀어 볼 차례야. 점점 차수가 높은 방정식을 푸니 머리가 아프지? 하지만 생각보다 어렵지 않아. 사차방정식을 풀 때는 삼차방정식처럼 인수분해를 이용하면 되거든.

앞에서 배운 것처럼 네 수를 곱해서 0이 된다는 것은 넷 중 적어도 하나가 0이라는 뜻이야. 마찬가지로 네 식을 곱해서 0이 되었다는 것은 역시 네 식 중 적어도 하나는 식의 값이 0이라는 뜻이지. 따라서 사차방정식을 풀려면 먼저 주어진 방정식을 좌변으로 이항해 $ax^4+bx^3+cx^2+dx+e=0$ $(a\neq0)$의 꼴로 정리하고, 좌변을 인수분해한 뒤 $ABCD=0$이면 $A=0$ 또는 $B=0$ 또는 $C=0$ 또는 $D=0$임을 이용하면 된단다. 삼차방정식이랑 똑같지?

그렇다면 사차식의 인수분해는 어떻게 해야 잘 할 수 있을까? 먼저 사차식 인수분해 역시 삼차식과 마찬가지로 기본 공식이 적용되는지 먼저 파악하는 것이 좋은데, 사차식의 경우 사실 기본 공식이라 칭할 만한 인수분해 공식은 $a^4-b^4=(a^2+b^2)(a+b)(a-b)$ 정도를 제외하고는 없어. 따라서 이 공식을 먼저 적용해 보고, 적용되지 않는다면, 바로 조립제법을 이용해 인수분해하면 돼!

또한 같은 식이 반복되는 경우, 즉 복이차식과 같은 경우 때로는 치환을 이용해 인수분해를 하는 방법도 많이 쓰인단다. 이때는 주로 $a^2-b^2=(a+b)(a-b)$을 이용하고, 인수분해는 될 때까지, 끝까지 하는 것을 원칙으로 한다는 점 명심하렴.

그러면 먼저 공식이 적용되는 식을 한 번 살펴볼까?

$$x^4-1=0$$

이 식은 기본 공식 $a^4-b^4=(a^2+b^2)(a+b)(a-b)$이 적용되는 식이야.

$$x^4-1=(x^2+1)(x+1)(x-1)=0$$

$$x^2=-1 \text{ 또는 } x=-1 \text{ 또는 } x=1$$

$$\therefore\ x=\pm i \text{ 또는 } x=-1 \text{ 또는 } x=1$$

한편 기본공식이 적용되지 않는 이러한 식은 어떻게 풀까?

$$x^4-2x^3-x+2=0$$

이 경우에는 조립제법을 통해서 인수분해를 하면 돼.

1	1	−2	0	−1	2
		1	−1	−1	−2
2	1	−1	−1	−2	0
		2	2	2	
	1	1	1	0	

용어 정리

삼차방정식의 풀이

① 곱셈공식을 응용한다.

$a^3+b^3=(a+b)(a^2-ab+b^2)$

$a^3-b^3=(a-b)(a^2+ab+b^2)$

$a^3+3a^2b+3ab^2+b^3=(a+b)^3$

$a^3-3a^2b+3ab^2-b^3=(a-b)^3$

② 조립제법을 활용한다.

사차방정식의 풀이

① 곱셈공식을 응용한다.

$a^4-b^4=(a^2+b^2)(a+b)(a-b)$

② 조립제법을 활용한다.

③ x^2을 A라 치환한 뒤 대각선 인수분해를 활용한다.

$$(x-1)(x-2)(x^2+x+1)=0$$

$x-1=0$ 또는 $x-2=0$ 또는 $x^2+x+1=0$

$\therefore$ $x=1$ 또는 $x=2$ 또는

$$x=\frac{-1\pm\sqrt{1-4}}{2}=\frac{-1\pm\sqrt{-3}}{2}=\frac{-1\pm\sqrt{3}i}{2}$$ (근의 공식)

마지막으로 복이차식을 살펴볼까?

$$x^2-4x^2+3=0$$

이 경우에는 $x^2=A$라 치환 후 대각선 인수분해를 이용하면 된단다.

$$x^4-4x^2+3=A^2-4A+3=(A-3)(A-1)$$

$$=(x^2-3)(x^2-1)=(x^2-3)(x+1)(x-1)$$

$x^2=3$ 또는 $x=-1$ 또는 $x=1$

$\therefore$ $x=\pm\sqrt{3}$ 또는 $x=-1$ 또는 $x=1$

예제 

다음 사차방정식의 근을 구해보자.

1. $x^4-16=0$

→

2. $x^4-9x^2-4x+12=0$

→

3. $x^4-x^2-6=0$

→

4. $x^4+4x^2+16=0$

→

삼차방정식의 근과 계수의 관계

이차방정식에서 근과 계수의 관계를 배웠던 것 기억하니? 이제 삼차방정식에서도 똑같이 근과 계수의 관계를 배울 거야. 삼차방정식의 근과 계수의 관계란 근을 직접 구하지 않고도 세 근에 관련된 정보를 쉽게 얻는 것을 의미해. 이차방정식의 근과 계수의 관계를 떠올리고 비교해 보면서 지금부터 살펴보자.

> $ax^3+bx^2+cx+d=0(a\neq0)$의 세 근을 α, β, γ라 하면,
>
> ① 세 근의 합 $\alpha+\beta+\gamma=-\dfrac{b}{a}$
>
> ② 두 근끼리 곱의 합 $\alpha\beta+\beta\gamma+\gamma\alpha=\dfrac{c}{a}$
>
> ③ 세 근의 곱 $\alpha\beta\gamma=-\dfrac{d}{a}$

직접 근을 구하지 않고도 세 근의 합, 두 근끼리 곱의 합, 그리고 세 근의 곱을 구할 수 있다는 사실, 신기하지?

왜 이런 결과가 나오는 것일까? $ax^3+bx^2+cx+d=0(a\neq0)$의 세 근을 α, β, γ라 하고, 세 근을 알 때 이차방정식을 완성하는 방법을 써 보자. 세 근이 α, β, γ이고, x^3의 계수는 a이므로, $a(x-\alpha)(x-\beta)(x-\gamma)=0$라고 정리할 수 있어. 그렇다면 $a(x-\alpha)(x-\beta)(x-\gamma)=0$과 원래 주어진 $ax^3+bx^2+cx+d=0$은 같은 식이 될 테니, 모두 양변을 a로 나눈 뒤 전개해서 x를 기준으로 계수를 비교하고 정리해 보자.

$$a(x-\alpha)(x-\beta)(x-\gamma)=0 \iff ax^3+bx^2+cx+d=0$$

$$x^3-(\alpha+\beta+\gamma)x^2+(\alpha\beta+\beta\gamma+\gamma\alpha)x-\alpha\beta\gamma=0$$

$$\iff x^2+\frac{b}{a}x^2+\frac{c}{a}x+\frac{d}{a}=0$$

$$\therefore -(\alpha+\beta+\gamma)=\frac{b}{a},\ \alpha\beta+\beta\gamma+\gamma\alpha=\frac{c}{a},\ -\alpha\beta\gamma=\frac{d}{a}$$

따라서 세 근의 합 $\alpha+\beta+\gamma=-\frac{b}{a}$, 두 근끼리 곱의 합 $\alpha\beta+\beta\gamma+\gamma\alpha=\frac{c}{a}$, 세 근의 곱 $\alpha\beta\gamma=-\frac{d}{a}$임을 쉽게 알 수 있어.

삼차방정식의 근과 계수의 관계에서도 이차방정식과 마찬가지로 다음과 같이 곱셈공식의 변형과 연관지어 자주 문제가 출제된단다. 여기서 사용된 변형 공식은 $a^2+b^2+c^2=(a+b+c)^2-2(ab+bc+ca)$이야.

예제 

$x^3+x^2-2x-1=0$에서 세 근을 α, β, γ라 할 때,

1. $\alpha+\beta+\gamma$

→

2. $\alpha\beta+\beta\gamma+\gamma\alpha$

→

3. $\alpha\beta\gamma$

→

4. $\alpha^2+\beta^2+\gamma^2$

→

$x^3+x^2+2x-3=0$의 세 근을 α, β, γ라 할 때, $\alpha^2+\beta^2+\gamma^2$의 값

$$\alpha^2+\beta^2+\gamma^2=(\alpha+\beta+\gamma)^2-2(\alpha\beta+\beta\gamma+\gamma\alpha)=1-2\times2=1-4=-3$$

삼차방정식 $x^3=1$의 허근의 성질

이번엔 아주 특별한 삼차방정식에 대해 알아볼 거야. 특별한 삼차방정식이란 바로 $x^3=1$을 의미하는데, 왜 수많은 삼차방정식 중에 이 삼차방정식을 아주 특별한 방정식으로 여기는 것일까?

먼저 삼차방정식 $x^3=1$의 근을 한 번 구해 보자. 삼차방정식의 인수분해를 해야 하니까, 일단 우변의 1을 좌변으로 정리한 뒤 근의 공식을 이용하면 되겠지?

$$x^3-1=(x-1)(x^2+x+1)=0$$

이제 근의 공식을 이용해서 근을 구하면 이렇게 3개의 값이 나와.

$$x=1,\ x=\frac{-1\pm\sqrt{1-4}}{2}=\frac{-1\pm\sqrt{-3}}{2}=\frac{-1\pm\sqrt{3}i}{2}$$

용어 정리

삼차방정식 $ax^3+bx^2+cx+d=0(a\neq0)$의 세 근을 $\alpha+\beta+\gamma$라 하면,

① 세 근의 합 $\alpha+\beta+\gamma=-\frac{b}{a}$

② 두 근끼리 곱의 합 $\alpha\beta+\beta\gamma+\gamma\alpha=\frac{c}{a}$

③ 세 근의 곱 $\alpha\beta\gamma=-\frac{d}{a}$

$x^3=1$의 두 근이 허수인 허근이지? 이때 한 허근을 ω라고 하고, 오메가라고 읽을 거야. 여기서 ω의 중요한 두 가지 정보가 있어.

첫째, ω는 $x^3=1$의 한 허근이기 이전에 일단 한 근이므로 $x^3=1$에 ω를 대입하면 성립하겠지? 따라서 $\omega^3=1$이 성립한단다.

둘째, ω는 $x^3=1$의 한 허근이라고 했기 때문에 특히 $(x^2+x+1)=0$을 만족할 거야. 역시 이 식에 ω를 대입해도 성립하고. 따라서 $\omega^2+\omega+1=0$은 성립한단다. 정리하면 $x^3=1$의 한 허근을 ω라고 했을 때, $\omega^3=1$과 $\omega^2+\omega+1=0$이라는 두 식이 성립한다는 거지.

실제로 ω의 값을 근의 공식으로 구해 보면 $\frac{-1\pm\sqrt{3}i}{2}$이 되지만 이 값 자체를 기억할 필요는 없어. $\frac{-1\pm\sqrt{3}i}{2}$라는 값이 중요한 것이 아니라 성립하는 두 식, $\omega^3=1$, $\omega^2+\omega+1=0$이 중요하거든. 이 식은 억지로 외우려고 하지 말고, 여러 번 반복해 보면서 2개의 식을 끌어내는 과정을 익히는 게 더 좋단다. 많이 연습해서 자연스럽게 외워지면 더 좋고.

이 식을 응용하는 방법은 여러 가지가 있단다. 보통 이런 식으로 문제가 출제되곤 해.

$$\omega^{2009}+\omega^{2016}+\omega^{2020}$$

이 경우, ω^3이 1이라는 걸 알고 있으니, 이를 이용해 지수인 2009, 2016, 2020을 3으로 나눈 나머지로 계산을 하면 이 식은 $\omega^2+1+\omega$가 되고, 이를 정리하면 $\omega^2+\omega+1=0$!

삼차방정식 $\omega^3=1$의 한 허근을 ω라 할 때 성립하는 두 식 이외에도 심화하자면 추가로 성립하는 것들이 있단다. 바로 이 세 가지 성질이야.

$x^3=1$의 한 허근을 ω라고 할 때, (단, $\overline{\omega}=\omega$의 켤레복소수)

① $\omega+\overline{\omega}=-1$

② $\omega+\overline{\omega}=1$

③ $\omega^2=\overline{\omega}=\frac{1}{\omega}$

왜 이것이 성립하는 것일까? 먼저 ω는 $x^3=1$의 허근이기 때문에 $x^2+x+1=0$의 근이라고 이야기했지? 그런데 계수가 실수일 때, 두 근은 항상 켤레복소수 모양으로 생긴다고 했었어. 따라서 $x^2+x+1=0$의 근은 ω뿐만 아니라 $\overline{\omega}$도 된단다. 즉, $x^2+x+1=0$의 두 근이 ω, $\overline{\omega}$라는 사실! 그렇다면 근과 계수의 관계에 의해 두 근의 합 $\omega+\overline{\omega}=-1$이고 두 근의 곱 $\omega \cdot \overline{\omega}$는 1이 된단다. 또한 $\omega \cdot \overline{\omega}=1$이고, $\omega^3=1$이므로, 두 식을 비교하면 $\omega^3=\omega \cdot \overline{\omega} \Rightarrow \omega^2=\overline{\omega}$이 돼. 한편 $\omega \cdot \overline{\omega}=1 \Leftrightarrow \overline{\omega}=\frac{1}{\omega}$이 되어 $\omega^2=\overline{\omega}=\frac{1}{\omega}$이 성립하지.

약간 복잡해 보이는 공식들이지만 찬찬히 짚어 보면 이해가 갈 거야. 역시 억지로 외우려 하면 안 되고, 직접 만들어 보면서 연습해야 한단다. 신기하고 아주 특별한 삼차방정식 $x^3=1$의 성질들! 잘 이해하고 기억해두자.

예제 

$x^3=1$의 한 허근을 ω라 할 때, 다음 물음에 답해 보자.

1. ω^{100}

→

2. ω^{50}

→

3. $\omega^{100}+\omega^{50}+1$

→

4. $\dfrac{\omega}{1+\omega^2}$

→

04
연립방정식

#연립방정식, #미지수가_2개인_일차방정식, #미지수가_2개인_연립일차방정식, #소거, #가감법, #대입법, #미지수가_3개인_연립일차방정식

방정식에 대해 공부할수록 다양한 등식과 성질이 끝없이 나오지? 이제 또 새로운 것을 배울 텐데, 바로 '연립방정식'이란다. 연립방정식이란 2개 이상의 방정식을 묶어놓은 것을 의미하고, 연립방정식의 해를 구한다는 것은 주어진 각각의 방정식을 동시에 만족시키는 미지수의 값을 구하는 것을 뜻해. 지금까지 어려웠던 내용도 잘 따라온 것처럼 이번에 배울 내용도 초등학교, 중학교 때 공부했던 기초 개념과 함께 차근차근 심화해 나가면 수월하게 이해할 수 있을 거야. 또, 이전에 배웠던 방정식과 헷갈리면 잠시 공부를 멈추고 이전에 배웠던 걸 가볍게 읽고 다시 돌아오면 좋을 거야.

연립방정식

연립방정식이란 2개 이상의 방정식을 묶어놓은 것을 뜻해. 연립방정식을 풀 때에는 구하고자 하는 미지수의 개수가 주어진 방정식의 개수보다 적거나 같을 때만 값을 구할 수 있어. 즉 식에 등장하는 문자의 개수가 식의 개수보다 적거나 같아야지만 미지수가 무엇인지 정확히 알 수 있다는 뜻이야. 사실 미지수가 2개인 연립일차방정식은 중학교 2학년 때 이미 공부했던 개념이란다. 이 부분을 우선 복습하면서 연립방정식에 대한 개념을 세우고, 같은 원리로 미지수가 3개인 연립일차방정식에 대해 공부해 보도록 하자.

미지수가 2개인 연립일차방정식이란 미지수가 2개인 일차방정식 2개를 한 쌍으로 묶어놓은 것을 의미해. 따라서 이 연립방정식의 해는 두 방정식을 모두 만족하는 x와 y의 값 혹은 순서쌍 (x, y)가 된단다. 이전까지는 x의 값만 구하면 됐는데, 이번에는 y까지 등장했지?

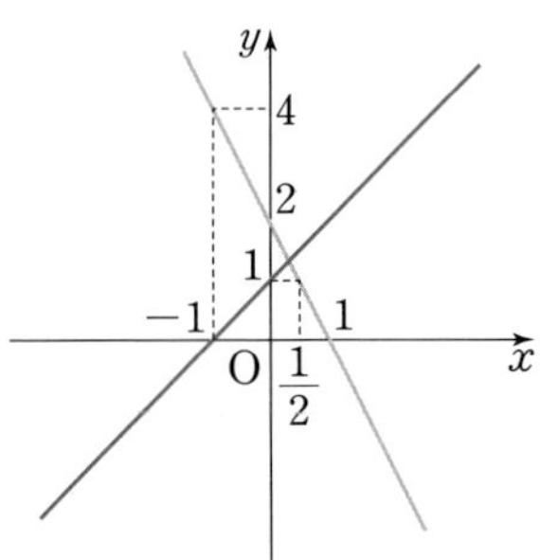

이 그래프의 주황색 선은 $2x+y=2$라는 미지수가 2개인 일차방정식의 근을 표현한 선이야. 이 방정식에서 근(또는 해)은 미지수 x와 y에 대입해서 성립하는 값을 뜻하는데, 이를 순서쌍으로 표현하면 (x, y)이고 이 값은 $(1, 0)$, $(-1, 4)$, $\left(\frac{1}{2}, 1\right)$ 등 아주 많단다. 이 값들을 좌표에 찍으면 위와 같은 직선이 나오지.

한편 이 그래프에 그려진 파란 선은 $x+y=0$이라는 아주 단순한 미지수가 2개인 일차방정식의 근을 의미한단다. 두 직선이 만나는 지점이 보이니? 이 점이 바로 미지수가 2개인 연립일차방정식의 근을 뜻해.

결국 근이란 대입하면 성립하는 값을 의미하는데, 이걸 그래프로 표현하면 상황에 따라 점 또는 직선으로 나타나. 그런데 근을 구할 때, 매번 대입해서 성립하는 값을 찾거나 그래프를 그려가면서 근을 구해야 한다면 팔도 아프고 머리도 복잡할 거야. 간단하게 수식으로 근을 구할 수 있는 방법은 없을까?

당연히 방법이 있어. 중학교 2학년 때 배웠던 내용인데, 간단하게 근을 구하는 방법의 핵심은 먼저 '소거' 후에 문자의 개수를 줄이는 거란다. 이때 소거란 연립방정식의 근을 구하기 위해 한 미지수를 없애는 것을 의미해. 그럼 소거는 어떻게 하냐고? 소거를 하는 방법에는 가감법과 대입법이 있어.

먼저 가감법은 두 식을 적당히 더하거나 빼서 한 문자를 없애고, 나온 문자의 값을 대입하는 것이야. 가령 이런 연립일차방정식이 있다고 생각해 보자.

$$\begin{cases} x+y=4 \\ x-y=2 \end{cases}$$

이 경우에 두 식을 더하면 어떻게 될까?

$$+\begin{cases} x+y=4 \\ x-y=2 \end{cases}$$

$2x=6,\ x=3$
주어진 식에 대입하면 $y=1$
$\therefore\ (x, y)=(3, 1)$

어때, y가 사라지면서 x값을 구하고, 그 값을 다시 x에 대입하니 y를 구할 수 있지? 그러면 같은 식을 이제 대입법으로 풀어 볼까? 대입법은 한 식을 한 미지수에 대해 정리한 뒤 다른 식에 대입해서 한 문자를 없애고 순차적으로 미지수의 값을 구하는 방법이야.

$$+\begin{cases} x+y=4 \Rightarrow x=4-y \\ x-y=2 \end{cases}$$

$(4-y)-y=2,\ y=1$
주어진 식에 대입하면 $x=3$
$\therefore\ (x, y)=(3, 1)$

어때? 그래프를 그리는 것보다 간단하지? 가감법이든, 대입법이든 이를 통해 나오는 값은 같아. 따라서 각자 더 편리한 방법을 사용하면 된단다.

미지수가 3개인 연립일차방정식

이름만 어렵지 연립방정식도 이미 다 배웠던 내용이지? 자, 이번엔 미지수가 3개인 연립일차방정식에 대해 공부해 볼 거야. 앞서 미지수가 2개인 일차방정식의 해는 (x, y)로 표현할 수 있다고 했지? 그러면 근이 3개인 일차방정식은 어떻게 표현해야 할까? 맞아, (x, y, z)로 표현하면 돼. 미지수가 3개인 연립일차방정식의 풀이도 큰 흐름은 미지수가 2개일 때와 같아. 역시 소거 후 문자의 개수를 줄여서 해를 구하면 되거든.

예제 

다음 연립방정식의 근을 구해 보자.

1. $\begin{cases} x+y=1 \\ x-2y=4 \end{cases}$

→

2. $\begin{cases} 2x-y=1 \\ x-3y=3 \end{cases}$

→

$$\begin{cases} x+2y+z=4 \\ x+y-z=2 \\ 2x+y-z=2 \end{cases}$$

이렇게 식이 3개일 경우에는 먼저 한 문자를 소거해 식을 2개로 줄이고, 그 다음엔 미지수가 2개인 연립일차방정식을 푸는 것처럼 값을 구하면 된단다.

$$\begin{cases} x+2y+z=4 \\ x+y-z=2 \\ 2x+y-z=2 \end{cases} \Rightarrow \begin{cases} 2x+3y=6 \\ 3x+3y=6 \end{cases} \Rightarrow \begin{matrix} x=0 \\ 3y=6,\ y=2 \\ z=0 \end{matrix}$$

$$\therefore\ (x,\ y,\ z)=(0,\ 2,\ 0)$$

자, 먼저 첫 번째 식과 두 번째 식을 더하고, 첫 번째 식과 세 번째 식을 더하니 z가 사라졌지? 이렇게 x를 없앤 뒤 두 식을 빼니 x의 값이 나왔어. 이제 다시 x의 값을 대입해 y의 값을 구하고, z의 값을 구하면 완성이야!

미지수가 2개인 연립이차방정식

연립일차방정식을 공부했으니 다음 차례는 무엇일지 감이 오지? 맞아, 바로 이번엔 연립이차방정식을 배울 거야. 우리가 배울 연립이차방정식의 종류는 두 가지야. 먼저 일차식과 이차식으로 이루어진 미지수가 2개인 연립이차방정식과 이차식과 이차식으로 이루어진 미지수가 2개인 연립이차방정식! 여기서도 해를 구하는 방법의 핵심은 소거한 뒤에 문자의 개수를 줄이는 거란다.

$$\begin{cases} x-y=1 \\ x^2+2y^2=2 \end{cases}$$

이 식을 살펴볼까? 이 식은 일차식과 이차식으로 이루어진 연립방정식이고, 구해야 하는 문자가 x와 y로 미지수가 2개인 연립이차방정식이야. 이런 식을 계산할 때 중요한 점은 일차식을 정리해서 이차식에 대입하는 거란다. 앞서 배웠듯이 대입할 수 있는 형태로 일차식을 정리하고, 그 값을 이차식에 대입한 뒤 인수분해를 이용해서 문제를 풀면 간편해.

예제 

다음 연립방정식의 근을 구해 보자.

1. $$\begin{cases} x-y+2z=5 \\ x+y+z=2 \\ 3x+2y+z=5 \end{cases}$$

→

$$\begin{cases} x-y=1 \Rightarrow x=y+1 \\ x^2+2y^2=2 \end{cases} \Rightarrow \quad (y+1)^2+2y^2=2$$

$$y^2+2y+1+2y^2=2$$
$$3y^2+2y-1=0$$
$$(3y-1)(y+1)=0$$
$$y=\frac{1}{3} \text{ 또는 } y=-1$$

$$\Rightarrow \quad y=\frac{1}{3},\ x=1+y=1+\frac{1}{3}=\frac{4}{3}$$
$$y=-1,\ x=1+y=1+(-1)=0$$
$$\therefore\ (x, y)=\left(\frac{4}{3}, \frac{1}{3}\right) \text{ 또는 } (0, -1)$$

이번엔 이차식과 이차식이 연립된 형태의 연립방정식을 배워 보자. 이번에도 소거를 한 뒤에 문자의 개수를 줄이는 방법을 이용한다는 점은 같아. 하지만 일차식과 이차식을 연립할 때에는 주어진 일차식을 잘 정리해 이차식에 대입하면 됐지만, 이번에는 둘 다 이차식이라서 바로 대입이 어렵다는 단점이 있단다. 하지만 너무 걱정하지는 않아도 돼. 보통 이런 문제에서 이차식 중 하나는 쉽게 인수분해가 될 수 있는 형태로 제시되곤 하거든. 또는 이미 인수분해가 된 상태로 문제를 내기도 해. 그걸 이용해서 한 이차식을 일차식으로 변형해 대입해 볼까?

$$\begin{cases} (x-y)(x+2y)=0 \\ x^2+y^2=2 \end{cases}$$

이미 인수분해가 되어 있는 연립이차방정식이지? 이런 경우에는 먼저 첫 번째 식에서 알 수 있는 x에 관한 식 2개를 각각 두 번째 식에 대입해 정리하면 된단다. 다소 복잡하니까 대입한 값이 서로 헷갈리지 않도록 조심해야 해.

$$\begin{cases} (x-y)(x+2y)=0 \Rightarrow x=y \text{ 또는 } x=-2y \\ x^2+y^2=2 \end{cases}$$

1) $x=y$인 경우, $x^2+y^2=2$에 대입해서 정리하면

$2y^2=2$, $y^2=1$, $y=\pm 1$

$x=y$이므로, $y=\pm 1$을 대입하면, $x=\pm 1$

즉, $(x, y)=(1, 1)$ 또는 $(-1, -1)$

2) $x=-2y$인 경우, $x^2+y^2=2$에 대입해서 정리하면

$4y^2+y^2=2$, $5y^2=2$, $y^2=\frac{2}{5}$, $y=\pm\sqrt{\frac{2}{5}}=\pm\frac{\sqrt{2}}{\sqrt{5}}=\pm\frac{\sqrt{10}}{5}$

$x=-2y$이므로, $y=\pm\frac{\sqrt{10}}{5}$을 대입하면, $x=\mp\frac{2\sqrt{10}}{5}$

즉, $(x, y)=\left(-\frac{2\sqrt{10}}{5}, \frac{\sqrt{10}}{5}\right)$ 또는 $\left(\frac{2\sqrt{10}}{5}, -\frac{\sqrt{10}}{5}\right)$

예제 

다음 연립방정식의 근을 구해 보자.

1. $\begin{cases} x+y=1 \\ x^2+y^2=5 \end{cases}$

→

2. $\begin{cases} x-y=-1 \\ x^2+y^2-xy=3 \end{cases}$

→

3. $\begin{cases} x^2-y^2=0 \\ x^2+xy+2y^2=20 \end{cases}$

→

부정방정식

연립방정식을 배울 때 주어진 방정식의 개수와 미지수의 개수를 비교해서 방정식의 개수가 미지수의 개수보다 많거나 같아야 해를 구할 수 있다고 잠깐 이야기했던 것 기억나니? 그렇다면 (방정식의 개수)< (미지수의 개수)인 경우는 방정식을 풀 수 없는 것일까?

이쯤이면 다들 알겠지만 당연히 이런 방정식도 풀 수 있어. 이렇게 방정식의 개수가 미지수의 개수보다 적어서 그 해가 무수히 많아 해를 정하기 어려운 방정식을 부정방정식이라고 하는데, 부정방정식은 방정식의 개수가 적은 대신에 근이 자연수 또는 정수라는 조건이나 실수라는 조건을 덧붙여 주는 경우가 많아.

먼저 자연수 또는 정수라는 근의 조건이 주어진 경우에 부정방정식을 어떻게 푸는지부터 살펴보자. 만약 이런 문제가 있다면 어떨까?

$$x+y=4$$

이 방정식은 미지수의 개수는 x와 y, 2개인데 방정식의 개수는 1개뿐이야. 따라서 $(5, -1)$, $(4, 0)$, $(3, 1)$, $\left(\frac{1}{2}, \frac{7}{2}\right)$ 등 이 방정식을 만족하는 해는 무한히 많아. 하지만 이때 x와 y가 자연수라는 조건이 붙으면 어떨까? 이런 경우에는 3개로 정리할 수 있어. 바로 $(3, 1)$, $(2, 2)$, $(1, 3)$! 이런 조건이 붙은 부정방정식은 하나하나 대입해가면서 답을 찾아야 한단다. 조금 더 복잡한 부정방정식을 풀어 볼까?

x, y가 정수일 때,
x, y에 대한 방정식 $xy-x+y=3$의 해

이런 경우에는 먼저 좌변을 억지로 인수분해해야 해. 먼저 xy항이 있으므로 x, y를 2개의 괄호로 각각 쪼개는 거야. 이 식이 $(x+\square)(y+\pentagon)=\triangle$의 꼴이라 예상해 보는 거지. 그 다음 $\square$, $\pentagon$에 들어갈 수를 채워야 해. 즉, $(x+\square)(y+\pentagon)=\triangle$를 진개했다고 가정하고 $xy-x+y=3$과 같아진다는 생각을 하면, $\square=1$, $\pentagon=-1$이 되겠지? 그 다음 $(x+1)(y-1)=\triangle$와 $xy-x+y=3$ 식을 비교해 $\triangle$에 들어갈 수를 정하면 돼.

$$
\begin{aligned}
&(x+1)(y-1)=\triangle \\
&xy-x+y-1=\triangle \Leftrightarrow xy-x+y=3 \\
&xy-x+y=1+\triangle \\
&1+\triangle=3 \qquad \therefore \triangle=2
\end{aligned}
$$

자, 이렇게 인수분해를 하면 $(x+1)(y-1)=2$라는 것을 알 수 있어. 따라서 $(x+1)$과 $(y-1)$은 곱해서 2가 되는 조건을 만족해야 하니 하나하나 대입해서 따져 보면 된단다.

$$
\begin{cases}
(x+1)=2,\ (y-1)=1 \Leftrightarrow x=1,\ y=2 \\
(x+1)=1,\ (y-1)=2 \Leftrightarrow x=0,\ y=3 \\
(x+1)=-2,\ (y-1)=-1 \Leftrightarrow x=-3,\ y=0 \\
(x+1)=-1,\ (y-1)=-2 \Leftrightarrow x=-2,\ y=-1
\end{cases}
$$

$$\therefore (x,\ y)=(1,\ 2),\ (0,\ 3),\ (-3,\ 0),\ (-2,\ -1)$$

한편 실수 조건이 주어진 경우에도 마찬가지야. 다음 식을 살펴볼까?

$$(x-1)^2+y^2=0$$

이 경우에도 마찬가지로 미지수의 개수는 x와 y로 2개인데 방정식의 개수는 1개로 이 방정식을 만족하는 순서쌍 (x, y)의 값은 $(1, 0)$, $(0, i)$, $(3, 2i)$ 등 해가 무수히 많아. 하지만 만약 이 미지수가 실수라면 어떨까? 그런 경우에는 해가 $(1, 0)$으로 하나뿐이란다.

실수 조건이 주어진 경우 부정방정식의 해를 구하고자 할 때는 'x가 실수일 때, $x^2\geq 0$'이라는 조건과 'x, y가 실수일 때, $x^2+y^2=0 \iff x=y=0$'이라는 조건을 이용해 풀면 돼. 이 문제의 경우에도 x, y가 실수라면 $(x-1)^2+y^2=0 \iff x-1=0, y=0$이므로, $x=1, y=0$이라는 해를 쉽게 얻을 수 있지.

x, y가 실수일 때,

x, y에 대한 방정식 $x^2+2x+y^2-6y+10=0$의 해

이 문제는 'x, y가 실수일 때, $x^2+y^2=0 \iff x=y=0$'이라는 조건을 이용한 문제야. 이때는 좌변을 완전제곱식으로 인수분해하면 되는데, 상수항을 우변으로 넘긴 식이 $x^2+2x+\square+y^2-6x+\triangle=-10+\square+\triangle$, 즉 $(x+1)^2+(y-3)^2=-10+\square+\triangle$의 꼴이라 예상하고 인수분해를 하면 돼. 따라서 $\square=1$(2의 반의 제곱), $\triangle=9$(-6의 반의 제곱)이 될 테니 이 식은 $(x+1)^2+(y-3)^2=-10+1+9=0$이 되겠지? x, y가 실수일 때 $x^2+y^2=0$, $x=y=0$이라는 조건을 이용해 값을 구하면 돼.

$$x^2+2x+y^2-6x+10=0$$

$$x^2+2x+1+y^2-6y+9=-10+1+9$$

$$(x+1)^2+(y-3)^2=0$$

$$\iff x+1=0, y-3=0\text{이므로}, x=-1, y=3$$

$$\therefore (x, y)=(-1, 3)$$

예제 

다음 부정방정식을 만족하는 순서쌍 (x, y)를 구해 보자.

1. $(x-1)(y+1)=-2$(x, y는 정수)

→

2 $x^2+4x+y^2-10y+29=0$(x, y는 실수)

→

05
부등식

#부등식, #일차부등식, #이차부등식, #연립부등식

부등식이란 부등호, 즉 $<$, $>$, $\geq$, $\leq$를 사용해 두 수 또는 두 식 사이의 대소 관계를 나타낸 식이야. 우리가 지금 알아볼 부등식은 방정식 다음에 배우고 있으니 방정식과 마찬가지로 식을 만족하는 x의 값을 구해야 겠지? 이 과정을 '부등식을 푼다'고 해. 부등식을 처음 접한 건 중학교 2학년 때야. 이미 알고 있는 내용일 수 있지만, 다시 한 번 부등식의 의미와 표현에 대해 잠깐 복습해 보고 넘어가는 게 좋겠어.

부등식

먼저 부등식이란 부등호($<$, $>$, $\leq$, $\geq$)를 사용해 두 수 또는 두 식 사이의 대소 관계를 나타낸 식을 의미한단다. 예컨대 $3x-1>0$, $x^2-2x+1\leq x+4$ 같은 식이 부등식이야. 부등식에서 $a<b(b>a)$는 'a는 b보다 작다' 혹은 'b는 a보다 크다', 'a는 b 미만' 혹은 'b는 a 초과'라고 읽어. 한편 $a\leq b(b\geq a)$는 'a는 b보다 작거나 같다' 혹은 'b는 a보다 크거나 같다', 'a는 b 이하' 혹은 'b는 a 이상'이라고 읽는단다.

부등식도 방정식과 마찬가지로 식을 만족하는 x의 값을 구하는 게 중요해. 부등식에서 근 또는 해는 부등식이 참이 되도록 하는 미지수의 값을 의미하는데, 이 해를 구하는 과정을 바로 '부등식을 푼다', '부등식의 해를 구한다'고 이야기하지.

부등식의 성질은 등식의 성질과 매우 유사하단다. 부등식의 양변에 같은 수를 더하거나 빼거나 곱하거나 0이 아닌 수로 나누어도 부등식은 변하지 않거든. 단 조심할 것이 하나 있어. 바로 음수를 곱하거나 음수로 나눌 때에는 부등호의 방향이 바뀐다는 사실이야. 다른 성질은 모두 등식의 성질과 같지만 딱 한 가지, 0보다 작은 수를 곱하거나 나누면 부등호의 방향이 바뀐다는 이 성질은 죽었다 깨어나도 반드시 기억해야 해.

일차부등식

부등식의 기본적인 성질을 알아봤으니 이번엔 일차부등식을 푸는 방법에 대해서 공부해 보자. 이 개념 역시 중학교 2학년 때 배운 개념인데, 앞으로 배울 연립부등식, 이차부등식 등 다양한 부등식의 기초가 될 예정이니 철저하게 복습을 하고 넘어가는 게 좋아.

용어 정리

$a<b$일 때

① $a+c<b+c$ (같은 수를 더해도 부등호 방향은 변하지 않는다)

② $a-c<b-c$ (같은 수를 빼도 부등호 방향은 변하지 않는다)

③ $ac<bc$, $\frac{a}{c}<\frac{b}{c}$ (단, $c>0$) (같은 수(양수)를 곱하거나 나누어도 방향은 변하지 않는다)

④ $ac>bc$, $\frac{a}{c}>\frac{b}{c}$ (단, $c<0$) (같은 수(음수)를 곱하거나 나누면 방향은 반대로 바뀐다)

먼저 일차부등식이란 이항하여 정리했을 때, (일차식)>0, (일차식)<0, (일차식)≥ 0, (일차식)≤ 0의 꼴로 정리되는 부등식을 의미해. 여기서 이항이란 부등식의 한 변에 있는 항을 다른 변으로 옮기는 것을 뜻하는데, 이항을 할 때에는 등식에서 이항을 하는 것처럼 부호가 바뀐단다. 이제 부등식의 해를 수직선에 나타내는 방법을 정리해 보자.

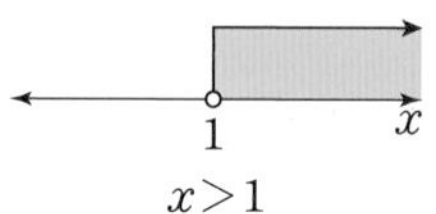

$x>1$

여기서 1을 표시한 점에는 색깔이 칠해져 있지 않지? 부등식에 등호가 있으면 경계의 점을 포함한다는 의미로 동그라미 안에 색을 칠하고, 그렇지 않을 때에는 색을 칠하지 않는단다.

일차부등식은 지금까지 배운 이항과 부등식의 성질을 이용해서 풀면 돼. 부등식을 $x>$수, $x<$수, $x\geq$수, $x\leq$수의 꼴로 변형해 x의 범위를 구해야 하는데, 이때 x를 좌변으로, 수를 우변으로 몰아 정리하는 것이 핵심이야.

$$3x+1<-x+9$$

한 번 직접 풀어 볼까? 먼저 이 일차부등식을 풀기 위해 $x>$수, $x<$수, $x\geq$수, $x\leq$수의 꼴로 정리해 보자.

$$3x+x<9-1$$
$$4x<8$$
$$x<2$$

이항해서 정리한 뒤에 같은 수로 양변을 나누기만 했는데 답이 나왔지? 이때 0보다 작은 수로 양변을 나누거나 곱할 때는 부등호의 방향을 바꿔야 한다는 것을 꼭 기억하렴.

해가 특수한 부등식 $ax>b$의 풀이

방정식 단원에서 방정식 $ax=b$의 해를 구하는 내용을 공부할 때 a의 값이 0일 때와 0이 아닐 때로 구분한 뒤, 해를 구했던 것 기억나지? a가 0이 아니면 x가 $\frac{b}{a}$이고, a가 0이고 b가 0이 아니면 x의 값은 없고, a가 0인데 b도 0이면 x는 모든 실수였던 것 말이야.

이것과 비교해 보면서 이번엔 부등식 $ax>b$의 해를 구하는 방법을 배울 거야. 방정식과 마찬가지로 우선 a의 값이 0일 때와 0이 아닐 때로 구분해야 하는데, 부등식에서는 a의 값이 0이 아닐 때에도, a의 값이 0보다 클 때와 작을 때로 나눠서 생각해 봐야 한단다.

$$\begin{cases} a\neq 0\text{인 경우, } \begin{cases} a>0\text{일 때, } ax>b \Rightarrow x>\frac{b}{a} \text{ (부등호의 방향은 그대로)} \\ a<0\text{일 때, } ax<b \Rightarrow x>\frac{b}{a} \text{ (부등호의 방향이 바뀜)} \end{cases} \\ a=0\text{인 경우, } 0\cdot x>b \begin{cases} b\geq 0\text{이면 } x\text{는 모든 실수} \\ b<0\text{이면 } x\text{는 없음} \end{cases} \end{cases}$$

$a\neq 0$인 경우, $a>0$일 때와 $a<0$인 때로 또 다시 나눠서 생각한 이유는 무엇일까? $a>0$일 때는 a로 부등식의 양변을 나눠도 부등호가 바뀌지 않지만, $a<0$일 때는 a로 부등식의 양변을 나누면 부등호가 바뀌기 때문이란다. 또한 a=0인 경우 $b>=0$이면, $0\cdot x>b$를 만족하는 x의 값은 없고, $b<0$이면 어떤 x가 오더라도 $0\cdot x<b$를 만족해. 해가 특수한 부등식은 다소 어려운 내용이야. 학년이 높아지면 어려운 내용과 섞어서 출제되니까 잘 정리해 두렴.

절댓값을 포함한 일차부등식

이번에 배울 내용은 절댓값을 포함한 일차부등식이야. 절댓값은 복소수 단원에서 한 번 정리했지? 절댓값 a, 즉 $|a|$의 값은 결국 'a의 부호에 따라 달라진다'는 사실 말이야. '$a\geq 0$이면 그냥 a로 나오고, $a<0$이면 $-$부호를 달고 $-a$로 나온다'고 배웠는데 기억나니?

이 절댓값을 어떻게 부등식에 사용할 수 있는지 궁금하지? 지금부터 절댓값을 포함한 일차부등식을 공부하기에 앞서 절댓값을 포함한 일차방정식을 먼저 간단히 공부할 거야. 방정식을 푸는 방법이 토대가 된단다.

절댓값을 포함한 일차방정식은 크게 네 가지 유형으로 나눌 수 있어. 첫 번째, 절댓값의 정의만 이용하면 바로 해를 구할 수 있는 유형, 두 번째, 첫 번째 유형을 이용하면 간단히 해를 구할 수 있는 유형, 세 번째와 네 번째, 절댓값 안의 부분이 0보다 크거나 같을 때와 0보다 작을 때로 직접 범위를 나누어 생각해야 하는 다소 복잡한 유형과 절댓값이 2개 이상 포함된 경우란다.

꿀팁

a가 0인 경우에는 왜 해가 없을까?

$b=0$이면 $0\cdot x>0$을 만족하는 x가 해가 될 거야.
그런데 x에 어떤 값이 오더라도 (좌변)$=0$, (우변)$=0$이므로 $0>0$을 만족하는 x는 없어. $\therefore$ x는 없다!

$b>0$이면 $0\cdot x>b$를 만족하는 x가 해가 될 거야.
그런데 x에 어떤 값이 오더라도 (좌변)$=0$, (우변)은 양수가 되므로 $0>$(양수)를 만족하는 x는 없어. $\therefore$ x는 없다!

$b<0$이면 $0\cdot x>b$를 만족하는 x가 해가 될 거야.
그런데 x에 어떤 값이 오더라도 (좌변)$=0$, (우변)은 음수가 되므로, $0>$(음수)를 항상 만족해. $\therefore$ x는 모든 실수!

$a=0$인 경우는 x의 계수가 0으로 x항이 사라지니까, x에 대한 일차식이 아니고 따라서 일차부등식이라고 할 수 없단다.

유형 1. 절댓값의 정의를 이용한 유형

$$|x|=1$$

이런 유형은 아주 간단해. 절댓값이 1인 값은 1 또는 $x=\pm1$이야. 따라서 $x=\pm1$이 답이지.

유형 2. 유형 1을 이용하면 간단히 해를 구할 수 있는 유형

$$|x-2|-1$$

절댓값의 정의를 이용하면서 절댓값 안의 부분을 치환하듯 생각하면 되는 유형이란다. 마찬가지로 절댓값이 1인 값은 1 또는 -1이지? 그러므로 $(x-2)$는 1 또는 -1이니 x는 3 또는 1이 된단다.

유형 3. 절댓값 안의 부분이 0보다 크거나 같을 때,
0보다 작을 때로 직접 범위를 나누는 유형

$$|x-1|+2x=5$$

이 문제에는 절댓값 안과 밖에 미지수 x가 혼합되어 있어. 이 경우에는 유형 1과 유형 2처럼 공식화해서 생각할 수 없단다. 이때는 무조건 절댓값 안쪽이 0보다 크거나 같은 경우와 0보다 작은 경우로 나누어서 범위에 따라 각각 간단히 만들고, x의 값을 구해야 해.

$x \geq 1$인 경우, $x-1 \geq 0$이므로

양수

$$|x-1|+2x=5 \iff x-1+2x=5$$

$$3x=6,\ x=2$$

$$\therefore\ x=2$$

$x<1$인 경우, $x-1<0$이므로

음수

$$|x-1|+2x=5 \iff -(x-1)+2x=5$$

$$-x+1+2x=5,\ x=4$$

그런데, $x=4$는 조건 $(x<1)$에 맞지 않는다!

$\therefore$ 해는 없다

이 경우 값을 구한 뒤 조건에 맞는 정답을 구해야 한다는 게 포인트야. 따라서 정답은 2만 될 수 있어.

유형 4. 절댓값이 2개 이상 포함된 경우

$$|x-1|+|x|=2$$

이 경우 역시 절댓값 안의 부분이 0이 되는 점을 기준으로 범위를 나누면 되는데, 절댓값이 2개 이상 포함되어 있으니 범위를 나눌 때 주의해야 해. 절댓값 안의 부분이 0이 되는 점을 기준으로 절댓값 안의 부분이 0보다 크거나 같을 때와 0보다 작을 때, 즉 $x-1=0$, $x=0$인 $x=1$, 0을 기준으로 직접 범위를 나눠서 계산해야 한단다.

$x<0$

음수 음수

$$|x-1|+|x|=2 \iff -(x-1)-x=2$$
$$\iff -x+1-x=2,\ -2x=3$$
$$\therefore\ x=-\frac{3}{2}$$

$0\le x<1$

양수 음수

$$|x-1|+|x|=2 \iff -(x-1)+x=2$$
$$\iff -x+1+x=2,\ 1=2$$

$\therefore$ x는 없다. (x에 어떤 값을 넣어도 $1=2$를 만족하지 않으니까!)

$x\ge 1$

양수 양수

$$|x-1|+|x|=2 \iff x-1+x=2$$
$$\iff 2x=3 \quad \therefore\ x=\frac{3}{2}$$

이 문제에서 $x<0$일 때, $x-1$과 x가 음수임을 쉽게 판단하는 방법은 0보다 작은 x를 하나 대입해 보면 돼. 예를 들어 $x=-2$를 대입해 보면, $x-1=-3$으로 음수, $x=-2$로 음수임을 확인할 수 있어. 한편 $0\le x<1$일 때도 마찬가지로 $0\le x<1$인 x를 하나 대입하면 된단다. 이때 주의해야

할 점은 경계 위의 점인 $x=0$은 대입하지 않는다는 거야. 따라서 x에 $\frac{1}{2}$을 대입해 보면, $x-1=-\frac{1}{2}$로 음수, $x=\frac{1}{2}$로 양수임을 확인할 수 있어. 또한 $x\geq1$일 때 $x-1$은 음수, x는 양수임을 쉽게 판단하는 방법 역시 $x\geq1$이 되는 수를 하나 대입하면 된단다. 마찬가지로 경계 위의 점인 $x=1$은 대입하지 않고. 따라서 $x=2$를 대입해 보면, $x-1$은 양수, x는 2로 양수임을 확인할 수 있어. 값이 모두 구해졌으면 x의 값이 반드시 조건에 맞는지 체크해주어야 한단다. 이 문제의 경우,

$$\begin{cases} x<0\text{일 때, } x=-\frac{3}{2} \\ 0\leq x<1\text{일 때, 해는 없다.} \\ x\geq1\text{일 때, } x=\frac{3}{2} \end{cases}$$

이렇게 결과가 나왔는데 다행히도 $x=-\frac{3}{2}$은 $x<0$이므로 조건에 맞아 해가 되고, $x=\frac{3}{2}$ 역시 $x\geq1$의 조건에 맞으므로 해가 될 수 있단다. 마지막엔 이렇게 항상 문제의 조건에 맞는 답인지 확인을 거쳐 정답을 정해야 한다는 사실을 잊지 말아야 해.

절댓값을 이용한 일차방정식은 다소 어려운 소재야. 하지만 중요한 부분이니 놓쳐서는 안돼. 이제 기초를 다졌으니 본격적으로 우리가 하고 싶은 내용인 절댓값을 포함한 일차부등식을 푸는 방법을 살펴보도록 하자. 방금 공부한 절댓값을 포함한 일차방정식의 해를 구하는 것만 잘 떠올리면 쉽게 접근이 가능하단다. 역시 절댓값을 포함한 일차방정식처럼 유형을 나눠서 똑같이 생각하면 돼.

절댓값을 이용한 일차부등식도 일차방정식과 마찬가지로 네 가지 유형이 있어. 먼저 첫 번째는 절댓값의 정의를 이용한 유형, 두 번째는 첫 번째

유형을 이용하면서 절댓값 안의 부분을 치환하는 유형, 세 번째는 절댓값 안의 부분이 0보다 크거나 같을 때, 0보다 작을 때로 직접 범위를 나누는 유형, 마지막 네 번째는 절댓값이 2개 이상인 유형이야.

유형 1. 절댓값의 정의를 이용한 유형

$$|x|<1$$

이런 경우에는 '작으면 큰 것과 작은 것 사이', '크면 큰 것보다 크고 작은 것보다 작다'는 점을 떠올리면 돼. 무슨 이야기냐고? 가령 이 문제에서는 절댓값이 1보다 작지? 이럴 때는 절댓값 안의 수가 큰 것과 작은 것 사이에 낀다, 즉 $|x|<1 \iff -1<x<1$이 된다는 뜻이란다.

$$|x|>1$$

반대로 이런 경우에는 절댓값이 1보다 크지? 이럴 때는 절댓값 안의 수가 큰 것보다 크고, 작은 것보다 더 작다, 즉 $|x|>1 \iff x>1$ 또는 $x<-1$이 된다는 뜻이야.

유형 2. 유형 1을 이용하면서 절댓값 안의 부분을 치환하는 유형

$$|x-2|<1$$

이 경우에는 $(x-2)$의 절댓값이 1보다 작지? 따라서 큰 것과 작은 것 사이, 즉 $-1<(x-2)<1$이 된단다. 따라서 양변에 2를 더하면 $1<x<3$이 될 거야.

$$|2x+1|>3$$

한편 이 경우에는 $(2x+1)$의 절댓값이 3보다 크지? 그러니까 큰 것보다 크고 작은 것보다 작은, 즉 $(2x+1)>3$ 또는 $(2x+1)<-3$이 될 거야.

이 부등식을 정리하면 $x>1$ 또는 $x<-2$이 답이 돼.

유형 3. 절댓값 안의 부분이 0보다 크거나 같을 때,
0보다 작을 때로 직접 범위를 나누는 유형

$$|x-1|<2x+4$$

이 유형처럼 절댓값 안과 밖에 x가 섞여 있을 때에는 공식화해서 처리할 수 없어. 따라서 반드시 절댓값 안의 부분이 0이 되는 지점을 기준으로 범위를 나눠야 한단다. 즉 이 경우에는 절댓값 안의 부분이 0이 되는 점, $x-1=0$, $x=1$을 기준으로 범위를 나눠야 해. 그 뒤에 각 범위에서 공통부분을 구하고, 공통부분으로 나온 결과를 모두 합치면 돼. 줄여서 나(나눈다)·공(공통부분)·합(합친다)!

양수

$x\geq1$인 경우, $|x-1|>0$이므로

$|x-1|<2x+4 \iff x-1<2x+4$

양수

$-x<5,\ x>-5$

$x>5$와 조건($x\geq1$)의 공통부분

$\therefore\ x\geq1$

음수

$x<1$인 경우, $|x-1|<0$이므로

$|x-1|<2x+4 \iff -(x-1)<2x+4$

음수

$-x+1<2x+4,\ -3x<3,\ x>-1$

$x>-1$과 조건($x<1$)의 공통부분

$\therefore\ -1<x<1$

$\therefore$ 해 $x\geq1$과 $-1<x<1$을 합해 $x>-1$

예를 통해 살펴봤듯이, x의 값(범위)은 반드시 주어진 조건과 계산 결과 나온 범위의 겹치는 부분(공통부분)을 구해야 한단다. 또한 마지막의 해도 2개가 나오면 합쳐 주어야 해. 이런 경우도 있고 저런 경우도 있다고 범위를 나눠 나온 답이니까 그 둘을 모아야 구하고자 하는 해를 완성할 수 있거든. 만약 공통부분이 없다면? 해가 없다고 봐야해.

유형 4. 절댓값이 2개 이상 포함된 경우

$$|x-1|+|x|<2$$

이 경우에도 유형 3과 마찬가지로 공식화해서 처리할 수 없어. 따라서 반드시 절댓값 안의 부분이 0이 되는 지점을 기준으로 범위를 나눠야 한단다. 따라서 $|x-1|+|x|<2$는 $x<0$, $0<x\leq 1$, $x\geq 1$인 경우로 생각해야겠지? 그 뒤에 푸는 과정도 세 번째 유형과 똑같은 나·공·합 과정을 거치면 돼.

음수 음수

$x<0$ $|x-1|+|x|<2 \Leftrightarrow -x+1-x<2$

$\Leftrightarrow -2x<1, x>-\frac{1}{2}$

$\therefore -\frac{1}{2}<x<0$

양수

$0\leq x<1$ $|x-1|+|x|<2 \Leftrightarrow -x+1+x<2$

음수

$\Leftrightarrow 1<2$, x는 모든 실수!

$\therefore 0\leq x<1$

양수 양수

$x\geq 1$ $|x-1|+|x|<2 \Leftrightarrow x-1+x<2$

$\Leftrightarrow 2x<3, x<\frac{3}{2}$

$\therefore 1\leq x<\frac{3}{2}$

$\therefore -\frac{1}{2}\leq x<\frac{3}{2}$

이때도 마찬가지로 마지막에 나온 x의 범위는 반드시 공통부분을 고려해야 한단다.

연립부등식

지금까지 절댓값의 기호를 이용한 부등식을 배웠어. 복잡하고 힘들었지만 그래도 차근차근 공부하니 이해할 수 있었지? 너무 조바심 내지 말고 어려운 부분은 이해가 갈 때까지 직접 따라 쓰면서 계속 읽어 보렴.

먼저 연립부등식이란 2개 이상의 부등식을 함께 묶어 한 쌍으로 나타낸 것을 의미해. 연립방정식과 마찬가지로 연립부등식의 해를 구하려면 각각 주어진 부등식을 풀어 동시에 만족시키는 미지수의 값을 구하면 된단다. 각각의 부등식을 잘 풀면 되니 결국 부등식의 해를 구하는 연습이 많이 필요하겠지?

연립부등식을 풀 때는 수직선 위에 해를 표시하고 둘 다 만족하는 부분을 찾으면 훨씬 쉽단다. 여기서 공부하는 내용은 일차부등식을 연립한 연립부등식에 관한 것으로 역시 중학교 2학년 때 공부했던 부분이니 찬찬히 복습할 겸 정리하고, 이 내용은 추후에 이차부등식을 연립한 연립이차부등식에서 또 다시 활용해 볼 거야.

$$\begin{cases} \frac{1}{2}x+2<-x+5 \\ 5x-1\geq 3x+1 \end{cases}$$

이 연립부등식을 풀려면 어떻게 해야 할까? 먼저 각 식을 간단하게 정리하는 과정이 필요해.

$$\frac{1}{2}x+2<-x+5 \qquad 5x-1\geq 3x+1$$

$$x+4<-2x+10 \qquad 5x-3x\geq 1+1$$

$$x+2x<10-4 \qquad 2x\geq 2$$

$$3x<6 \qquad x\geq 1$$

$$x<2$$

그 다음 공통부분을 구하면 된단다. 공통부분을 구할 때는 수직선 위에 범위를 표시하면 더욱 알아보기가 쉬워.

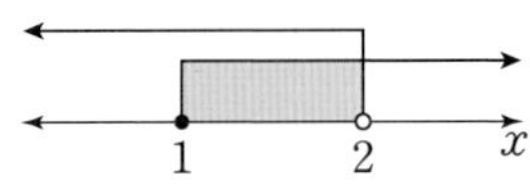

그림으로 그려 보니 공통부분이 $1\leq x<2$인 걸 알 수 있겠지? 따라서 이 연립부등식의 해는 $1\leq x<2$란다.

연립일차부등식은 일차부등식에 익숙해야 쉽게 풀 수 있어. 계수가 분수로 되어 있어 복잡한 경우는 분수를 없앨 수 있는 수를 부등식의 양변에 곱한다는 원리, 또 괄호로 묶여 있을 땐 분배법칙을 써서 괄호를 먼저 풀어 준 뒤 부등식을 푼다는 등의 복잡한 일차부등식을 잘 풀어낼 수 있도록 연습하는 것이 중요하단다. 그 다음은 수직선 위에 해를 잘 표시해서 공통 부분을 찾는 연습을 하면 되고!

일반적인 연립부등식에 대해 간단하게 공부했으니, 이제 심화해서 특이한 형태로 주어진 연립부등식에 대해 살펴볼 거야. 특이한 형태라고 하니 조금 긴장되지? 여기서 말하는 연립부등식은 식이 3개가 있는 부등식이야. 바로 이러한 형식의 부등식이지.

$$A<B<C$$

이런 식에서는 가운데 끼어 있는 B를 기준으로 $\begin{cases} A<B \\ B<C \end{cases}$ 형태의 연립부등식으로 변형해 풀이하면 돼. 하지만 꼭 명심해야 할 게 있어. 부등식을 변형할 때 $\begin{cases} A<B \\ A<C \end{cases}$ 같은 형태의 연립부등식으로 변형을 하면 절대 안 된다는 점이야. 앞에서 배운 연립방정식, 그중에서도 $A=B=C$ 형태의 연립방정식은 $\begin{cases} A=B \\ B=C \end{cases}$ 또는 $\begin{cases} A=B \\ A=C \end{cases}$ 또는 $\begin{cases} A=C \\ B=C \end{cases}$ 세 가지 중 어떤 형태의 연립방정식으로 변형해 풀이해도 상관없어. 세 가지 모두 $A=B=C$임을 의미하고 있거든. 하지만 부등식의 경우는 좀 달라. 만약 예를 들어 $\begin{cases} A<B \\ B<C \end{cases}$라고 한다면 B와 C는 A보다는 크다는 이야기지만, $\begin{cases} A<B \\ A<C \end{cases}$만으로는 B와 C 사이의 대소 관계는 알 수가 없거든. 따라서 반드시 $\begin{cases} A<B \\ B<C \end{cases}$라고 나타내야 A, B, C의 대소 관계를 $A<B<C$라고 확신할 수 있어. 그렇게 식을 분리한 다음에는 평범한 연립부등식을 풀듯이 계산을 하면 된단다.

연립일차부등식을 풀 때 알아두면 좋은 일차부등식의 원리

① 계수가 분수로 되어 있을 땐 부등식의 양변에 양수인 같은 수를 곱해도 식은 같다는 점을 이용하여 약분할 수 있는 수를 양변에 곱한다.

② 괄호로 묶여 있을 땐 분배법칙으로 괄호를 풀어준 뒤 부등식을 푼다.

③ 계산을 마친 뒤에는 수직선 위에 근을 표시해 공통부분을 찾는다.

이차부등식

시금까지는 다양한 형태의 일차부등식을 배웠어. 따라서 이번에는 조금 더 나아가서 이차부등식을 공부해 볼 거야. 먼저 이차부등식이란 이항하여 정리했을 때 좌변에는 이차식, 우변에는 0으로 정리되는 부등식을 말해. 즉 (x에 대한 이차식)>0, (x에 대한 이차식)<0, (x에 대한 이차식)≥ 0, (x에 대한 이차식)≤ 0의 모양으로 정리가 되면 이차부등식이란다. 여기에서 좌변에 있는 이차식은 ax^2+bx+c의 모양인데, 이때 반드시 a는 0이 아니어야 해. 다들 알겠지만 a가 0이면 ax^2이 사라지니까 말이야. 따라서 $x^2+x-1>0$이나 $x^2-2x+1\leq x+4$ 같은 부등식은 모두 이차부등식이라고 할 수 있겠지?

그렇다면 이런 이차부등식은 어떻게 풀어야 할까? 먼저 우변에 있는 값을 좌변으로 넘겨 우변을 0으로 만들고, 인수분해를 통해 ax^2+bx+c 모양의 좌변을 해가 각각 α, β인 $(x-\alpha)(x-\beta)$ 꼴로 만들어야 해. 이미 인수분해는 너무나 많이 해 봤으니 다들 잘 할 수 있을 거야.

인수분해를 통해 좌변의 해를 구했다면, 이제 부등호를 적절히 배치할 차례야. 그렇다면 이런 식의 부등호는 어떻게 설정해야 할까? 좌변이 0보다 작은 경우와 0보다 큰 경우를 나눠서 생각해야 해. 0인 경우는 이차방정식이 되니 두 가지 경우만 다룰 거야. 차근차근 따라와 보렴.

먼저 좌변이 0보다 작은 경우의 이차부등식을 푸는 방법을 살펴보자.

$$(x-1)(x-2)<0$$

이미 인수분해는 끝났다고 가정하고, 이 이차부등식은 어떻게 풀어야 할까? 일단 좌변이 0보다 작으니 좌변의 두 식, 즉 $(x-1)$과 $(x-2)$를 곱한 값이 0보다 작다는 걸 알 수 있지? 어떤 두 수를 곱한 값이 0보다 작으려면 두 수의 부호가 달라야 해. 따라서 이 둘도 하나는 0보다 크고, 하나는 0보다 작아. 이 식을 조금 더 정리해 볼까?

$$(x-2)<0,\ (x-1)>0 \text{ 또는 } (x-2)>0,\ (x-1)<0$$
$$x<2,\ x>1 \text{ 또는 } x>2,\ x<1$$

자, 그렇다면 이 다음엔 어떻게 할까? 절댓값이 포함된 부등식에서 배웠듯이 각각의 공통부분을 구한 뒤 합치면 돼.

$$x<2,\ \ x>1 \Rightarrow 1<x<2$$
$$x>2,\ \ x<1 \Rightarrow \text{해는 없다.}$$
$$\therefore\ 1<x<2$$

어때? 이처럼 이차부등식 $(x-\alpha)(x-\beta)<0$의 풀이는 부호를 하나하나 따져 접근하는 게 원칙이야. 하지만 매번 이렇게 부호와 범위를 하나하나 따질 생각을 하니 머리 아프지? 따라서 이렇게 한번 정리해 보자

$(x-\alpha)(x-\beta)<0$의 해는 $\alpha<x<\beta$가 된다(단, $\alpha<\beta$).
좌변을 0으로 만드는 x의 값인 α, β를 기준으로
x는 α, β 중 큰 것과 작은 것 사이에 낀다!

사실 이 부분의 원리를 알려면 뒤에 나올 함수 단원에서 공부할 이차함수의 그래프와 x축의 위치관계에 대한 내용과 연관 지어 생각하는 것이 좋단다. 이 방법이 직관적으로 이해가 돼서 훨씬 쉽고 빠르거든. 함수는 곧 배우니까 그때 다시 한 번 설명해 줄게.

인수분해만 쉽게 할 수 있다면 이차부등식을 푸는 것 자체는 그리 어렵지 않아. 하지만 만약에 인수분해를 할 수 없으면 어떻게 해야 할까? 너무 걱정할 필요 없어. 앞서 이차방정식을 배울 때 인수분해를 못하면 무엇을

이용한다고 했는지 기억나니? 맞아, 바로 '근의 공식'이야.

$$x^2+x-1<0$$

이 이차부등식을 살펴보자. 이 식은 좌변을 인수분해할 수 없어. 이런 경우에는 근의 공식으로 값을 구한 뒤 방금 알려 준 '좌변이 0보다 작을 때, x는 큰 것과 작은 것 사이에 낀다'를 이용하면 된단다.

$$x=\frac{-1\pm\sqrt{1-4\times(-1)}}{2\times1}=\frac{-1\pm\sqrt{1+4}}{2}=\frac{-1\pm\sqrt{5}}{2}$$

$$\therefore\ \frac{-1-\sqrt{5}}{2}<x<\frac{-1+\sqrt{5}}{2}$$

자, 이번에는 좌변이 0보다 큰 경우, 즉 $(x-\alpha)(x-\beta)>0$의 해를 구하는 방법을 살펴볼 거야. 마찬가지로 이미 인수분해를 통해 정리한 이차부등식을 한 번 예로 들어볼게.

$$(x-1)(x-2)>0$$

이 경우에는 어떻게 해야 할까? 좌변의 두 식, $(x-1)$과 $(x-2)$를 곱한 값이 0보다 커. 두 수를 곱했을 때 0보다 크려면 두 수의 부호가 같아야 하니, 이 두 식은 모두 0보다 작거나, 모두 0보다 크다는 걸 추리할 수 있어.

꿀팁

좌변이 $(x-\alpha)(x-\beta)$ 꼴인 이차부등식을 풀 때 유의할 사항

인수분해한 좌변이 0보다 작으면 α와 β 사이에, 0보다 크면 α보다 작고 β보다 크다는 것은 알겠지? 이렇게 $(x-\alpha)(x-\beta)$ 모양으로 인수분해한 이차부등식의 범위를 구할 때는 항상 $\alpha<\beta$라는 점을 기억해야 해. 즉 작은 것에서 큰 것 순서로 범위를 설정해야 헷갈리지 않아. 이 둘을 헷갈리면 전혀 다른 답이 나오니 항상 유의해야 해.

이걸 간단히 정리해 볼게.

$$(x-2)<0,\ (x-1)<0 \text{ 또는 } (x-2)>0,\ (x-1)>0$$
$$x<2,\ x<1 \text{ 또는 } x>2,\ x>1$$

자 이제 그 다음 단계는 예상할 수 있겠지? 맞아. 바로 공통부분을 구해서 합치면 돼.

$$x<2,\ \ x<1 \Rightarrow x<1$$
$$x>2,\ \ x>1 \Rightarrow x>2$$
$$x>2 \text{ 또는 } x<1$$

이것도 마찬가지로 직접 그래프를 그리면 더욱 쉽게 이해를 할 수 있어. 하지만 그 부분은 뒤에 나올 함수 부분에서 공부하기로 하고, 이번에도 범위를 구할 때 편리한 방법을 한 마디로 정리해 줄게.

$(x-\alpha)(x-\beta)>0$의 해는 $x<\alpha$ 또는 $x>\beta$가 된다(단, $\alpha<\beta$).
좌변을 0으로 만드는 x의 값인 α, β를 기준으로
α, β 중 x는 큰 것보다 크고, 작은 것보다 더 작다!

예제 

다음 이차부등식의 해를 구해 보자.

1. $(x-1)(x+4)<0$

→

2. $x^2-x-6<0$

→

3. $(x-2)(x+5)>0$

→

4. $x^2+x-6>0$

→

이차부등식의 완성

지금까지는 이차부등식이 주어졌을 때 해를 구하는 것을 공부했지? 지금부턴 반대로 해가 주어졌을 때 이차부등식을 완성해 볼 거야. 이 부분은 앞에서 배운 두 근이 주어졌을 때 이차방정식 완성하는 법과 매우 유사하단다. 예컨대 $(x-1)(x+2)=0$이라 인수분해된다면 이차방정식의 근은 $x=1$, -2고, 반대로 이차방정식의 두 근이 $x=1$, -2라면 $a(x-1)(x+2)=0(a\neq0)$이라 유추할 수 있다는 것 생각나니? 이차부등식도 마찬가지야. 해가 주어졌을 때 이차부등식을 완성하기 위해서는 '어떤 부등식을 풀었을 때, 이런 해가 나올까?'를 역으로 생각하면 돼. 단 방금 배웠던 '좌변이 0보다 작을 때는 작은 것과 큰 것 사이에 x가 낀다'와 '좌변이 0보다 클 때 x는 작은 것보다 작고 큰 것보다 크다'도 생각해야 올바르게 부등호를 도출할 수 있어.

$$(x-1)(x-2)<0\text{의 해} \Rightarrow 1<x<2$$
$$\text{해가 } 1<x<2\text{인 이차부등식} \Rightarrow a(x-1)(x-2)<0(a>0)$$

$$(x-1)(x-2)>0\text{의 해} \Rightarrow x>2 \text{ 또는 } x<1$$
$$\text{해가 } x>2 \text{ 또는 } x<1\text{인 이차부등식} \Rightarrow a(x-1)(x-2)>0(a>0)$$

용어 정리

$\alpha<x<\beta$를 근으로 갖는 이차부등식, x^2의 계수는 1 $\Leftrightarrow (x-\alpha)(x-\beta)<0$

$x<\alpha$ 또는 $x>\beta$를 근으로 갖는 이차부등식, x^2의 계수는 1 $\Leftrightarrow (x-\alpha)(x-\beta)>0$

여기서 주의해야 할 게 있어. 최고차항인 x^2의 계수는 어떤 값이 나오든 양수이기만 하면 모두 같은 해를 가질 테니 해가 $1<x<2$인 이차부등식은 $a(x-1)(x-2)<0(a>0)$로 x^2의 계수를 a라고 설정해야 한다는 점이야. 물론 실제 문제에서는 x^2의 계수에 대해 구체적으로 알려 주는 경우도 많으니 계수가 주어졌다면 그 값으로 쓰면 되고, 혹시 x^2의 계수가 주어지지 않았다면 지금처럼 $a(a>0)$로 x^2의 계수를 설정하고 넘어가면 된단다.

연립이차부등식

연립부등식은 2개 이상의 부등식을 함께 묶어 한 쌍으로 나타낸 것을 의미한다고 앞에서 배웠지? 일차부등식이 연립되어 있는 연립일차부등식은 이미 앞에서 연습했으니 이번엔 조금 더 발전시켜 보자. 지금부터 배울 내

예제 

다음 이차부등식을 완성해 보자.

1. $-2<x<7$가 근이고, x^2의 계수는 1인 이차부등식

→

2. $x>3$ 또는 $x<-5$가 근이고, x^2의 계수는 1인 이차부등식

→

용은 바로 연립이차부등식이야.

이차부등식이 연립되어 있는 연립이차부등식도 연립일차부등식에서 배웠던 원리를 똑같이 적용해 풀면 된단다. 여기서 연립이차부등식이란 두 이차부등식이 연립되어 있고, 이때 연립된 부등식의 차수가 가장 높은 식이 이차식인 경우를 뜻해. 이 연립이차부등식을 풀 때도 마찬가지로 각각의 부등식을 푼 뒤, 두 범위를 모두 만족하는 공통부분을 구하면 돼.

$$\begin{cases} x+2<8-x \\ x^2-x\geq 2 \end{cases}$$

이 문제를 살펴볼까? 먼저 두 부등식이 연립되어 있고, 차수가 가장 높은 식이 이차식이니 이 문제는 연립이차부등식을 푸는 문제야. 두 식을 따로 풀기 위해, 각각의 식을 간단히 만들어야 해.

$x+2<8-x$	$x^2-x\geq 2$
$x+x<8-2$	$x^2-x-2\geq 0$
$2x<6$	$(x-2)(x+1)\geq 0$
$x<3$	$x\geq 2$ 또는 $x\leq -1$

이렇게 두 식을 푼 뒤에는 공통부분을 구해야 해. 앞서 배운 것처럼 구한 범위들을 수직선에 표시하면 더욱 간단히 답을 알 수 있단다.

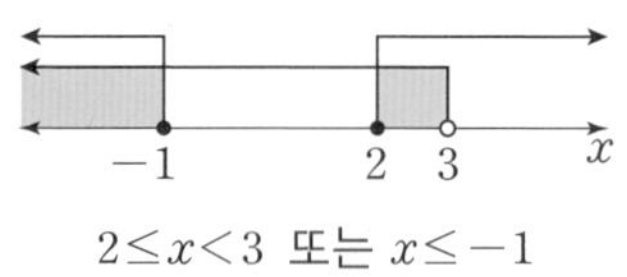

$2\leq x<3$ 또는 $x\leq -1$

이번엔 조금 더 복잡한 식을 풀어 볼까? 두 식 모두 이차식인 연립이차방정식이란다.

$$\begin{cases} x^2-3x>-2 \\ x^2-3\le 3(x-1) \end{cases}$$

이 경우에도 마찬가지야. 두 식을 모두 인수분해로 정리한 뒤에 값을 구하고, 공통 범위를 수직선에 그려서 표시하면 돼.

$x^2-3x>-2$	$x^2-3\le 3(x-1)$
$x^2-3x+2>0$	$x^2-3\le 3x-3$
$(x-2)(x-1)>0$	$x^2-3x-3+3\le 0$
$x>2$ 또는 $x<1$	$x^2-3x\le 0$
	$x(x-3)\le 0$
	$0\le x\le 3$

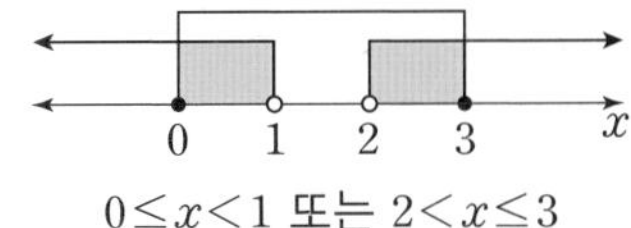

$0\le x<1$ 또는 $2<x\le 3$

/

함수

도형의 이동

일차함수

이차함수

유리함수와 무리함수

CHAPTER 2

함수

01
함수

#함수, #대응, #변수, #상수, #정비례, #반비례, #$f(x)$, #함숫값, #정의역, #공역, #치역, #좌표평면, #좌표축, #순서쌍, #사분면, #함수의_그래프

함수, 함수, 함수! 함수라는 단어만 떠올려도 울렁증이 있다고 하는 친구들을 많이 봤어. 어떤 친구들은 함수 때문에 수학 공부를 포기하고 싶었다고 할 정도야. 도대체! 함수가 무엇이기에 이렇게 함수라는 말만 나오면 지금까지도 어렵게 느끼고 겁먹는 친구들이 많은 걸까?

지금 머릿속에 함수를 생각해 보렴. 그래프가 생각나는 친구도 있고, $y=2x$ 같은 공식이 떠오르는 친구도 있을 거야. 함수는 한마디로 쉽게 말하면 '두 변수 사이의 짝지어진 관계'야. 변수는 여러 가지로 변하는 값을 의미하는데 좀 더 중요한 조건이 포함되어야 함수를 정확하게 정의할 수 있어. 바로 모든 x의 값에 y의 값이 오직 하나씩만 정해진다는 것!

함수

중학교 1학년 때 우린 함수의 개념을 배웠어. 먼저 함수란 모든 x의 값에 y의 값이 하나씩 정해지는 두 변수 사이의 대응 관계를 의미한단다. 여기서 대응은 짝짓기를 의미하고, 변수는 정해지지 않고 여러 가지 값을 가지는 문자를 의미해. 반대로 상수는 일정한 값을 가지는 수나 문자를 의미하고. 따라서 함수는 하나의 대응 관계(짝짓기)를 의미한단다. 그런데 여기서 아주 중요한 사실! 둘 사이의 단순한 짝짓기를 함수라고 하는 것은 아니야. '모든 x의 값에 y의 값이 오직 하나씩만 정해지는 조건'을 만족하는 짝짓기를 함수라고 한다는 것!

$y = 2x$ (→ 변수: y, x / → 상수: 2)

예를 들어 한 개에 1,000원 씩 하는 호빵을 산다고 할 때, 5개를 사면 값이 얼마일까? $1{,}000 \times 5 = 5{,}000$원이겠지? 그럼, 7개를 산다면, $1{,}000 \times 7 = 7{,}000$원이 될 거야. 그렇다면 호빵 x개의 가격을 y원이라고 약속했을 때 x, y의 관계식은 어떻게 될까?

x(호빵의 개수)	0	1	2	…	5	6	7	…
	⇓	⇓	⇓		⇓	⇓	⇓	
y(호빵의 가격)	0	1000	2000	…	5000	6000	7000	…

$$y = 1000x$$

이 경우 x의 값, 즉 호빵의 개수가 정해짐에 따라 y의 값, 즉 호빵의 가격이 오직 하나씩 정해지고 있어. 따라서 이러한 관계를 보고 'y는 x의 함수'라고 할 수 있단다. 이 예제와 같이 $y = ax$(a는 상수)의 꼴로 나타내어질 때, y는 x에 '정비례한다' 또는 '비례한다'라고 해. 초등학교 때 배웠던 내용인데, 정비례 관계는 대표적인 함수야. x의 값이 정해지면 그에 따라 y의 값이 오직 하나씩 정해지기 때문이지!

한편 자동차를 타고 시속 $x$km로 60km의 거리를 달렸을 때 걸린 시간을 y시간이라고 해 봐. 이때 x, y의 관계식은 어떻게 될까?

x(시속)	1	2	3	4	5	
	⇓	⇓	⇓	⇓	⇓	
y(시간)	60	30	20	15	12	…

$$y = \frac{60}{x}$$

그렇다면 $y=$(자연수 x의 약수)인 관계는 함수라고 할 수 있을까? $x=2$일 때, $y=1$, 2로 2개가 되고, $x=6$일 때는 심지어 $y=1$, 2, 3, 6로 4개의 값이 나온단다. x의 값에 따라 y의 값이 여러 개로 결정되기 때문에 이 관계는 함수라고 할 수 없어. 이처럼 두 변수 x, y가 주어졌다고 해서 그 둘 사이의 모든 관계를 다 함수라고 칭하는 건 아니야. 호빵과 시속처럼 '오직 하나씩 정해지는 관계'일 때만 함수가 되거든.

이 경우에도 역시 x의 값이 정해짐에 따라 y의 값이 오직 하나씩 정해지고 있으니 'y는 x의 함수'라고 할 수 있단다. 이렇게 $y=\frac{a}{x}$(a는 상수)의 관계식으로 나타내어질 때, x는 x에 '반비례한다'고 해. 역시 초등학교 때 배웠던 내용인데, 반비례 관계도 x의 값이 정해지면 그에 따라 y의 값이 오직 하나씩 정해지니까 함수란다.

우리는 보통 함수를 $y=f(x)$라고 쓰고, y는 x의 함수(function)라고 부른단다. 이를테면, $y=2x$라는 함수는 $f(x)=2x$라고도 표현해. 여기서 $f(x)$는 함수를 지칭하는 하나의 이름이야. 우리가 친구들 이름을 수지, 민서로 부르는 것처럼 함수도 $f(x), g(x), h(x), \cdots$ 이런 식으로 이름 붙이기로 약속한 거란다.

함수의 여러 가지 용어 정리

함수에서는 다양한 용어가 있어. 중학교 때 배웠던 함숫값부터, 함수의 표현인 $f : X \rightarrow Y$, 약간은 생소한 용어인 정의역, 공역, 치역 등의 용어까지 명확하게 정리해야 한단다.

먼저 $f : X \rightarrow Y$는 무엇일까? 이는 f는 X에서 Y로 가는 함수라는 표현으로, f는 X의 모든 원소 x에 Y의 원소 y의 값이 오직 하나씩 정해지는 관계를 뜻해.

한편 정의역과 공역, 치역은 무엇일까?

꿀팁

정의역, 공역, 치역의 쉬운 구분!

정의역 : 선택하는 애

공역 : 선택 받을 준비가 된 애

치역 : 선택 받은 애

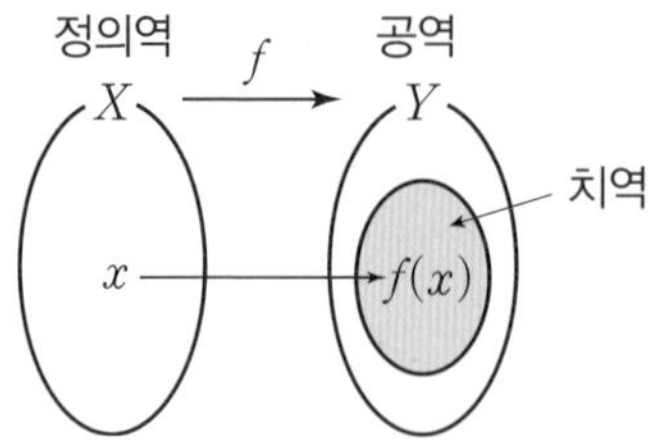

먼저 위의 그림에서 X는 함수 f의 정의역이야. 함수가 있을 때 그 함수를 정의하는 모든 x의 집합을 정의역이라고 한단다. 한편 Y는 함수 f의 공역이야. 공역은 함수에서 x를 대입했을 때 y가 될 가능성이 있는 수들의 집합을 뜻하지. 또한 x의 값에 따라 하나로 정해지는 y의 값, 즉 $f(x)$를 x의 함숫값이라고 해. 따라서 $f(a)$는 $x=a$가 선택한 y의 값 또는 $x=a$에서의 함숫값, $x=a$를 $f(x)$에 대입해서 얻은 값을 의미해. 치역은 함숫값들의 모임이고. 일반적으로 함수의 정의역, 공역이 주어지지 않고 따로 언급되지 않았다면 정의역과 공역은 실수 전체 집합으로 보면 된단다.

좌표평면과 함수의 그래프

앞서 함수가 무엇이냐는 질문에 그래프라고 막연히 생각했던 친구들이 있을 거야. 앞에서도 이야기했지만, 그래프는 식이나 표나 말로 표현된 함수를 나타내는 또 하나의 방식이라고 보면 된단다. 함수의 그래프란 함수 $y=f(x)$에서 x의 값과 그 값에 따라 정해지는 y의 값의 순서쌍 (x, y)를 좌표로 하는 점을 좌표평면 위에 모두 나타낸 것을 의미해.

여기서 좌표평면은 무엇일까? 좌표평면은 중학교 1학년 때 배운 개념이야. 모눈종이에 십자 모양으로 수직선을 그려서 x축과 y축을 그렸던 것 기억나니? 그처럼 x축과 y축으로 좌표를 나타내는 평면을 좌표평면이라고 하예제 

함수인지 아닌지를 판단해 보고, 함수라면 정의역, 공역, 치역을 이야기해 보자.

1. 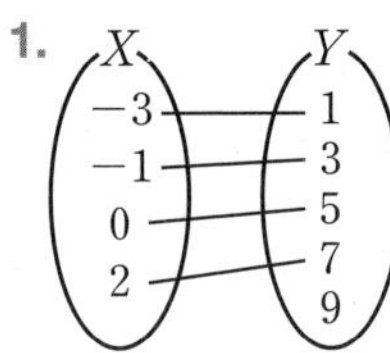

2. 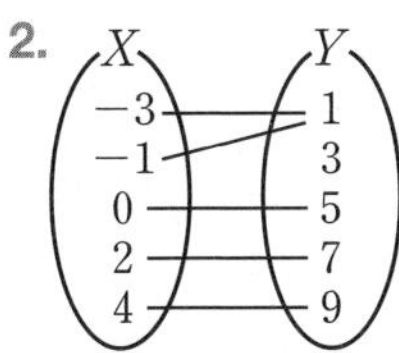

3. 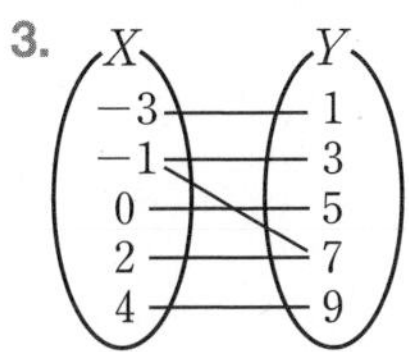

는데, 함수의 그래프를 알기 위해 필요한 개념이란다. 좌표평면은 좌표축을 기준으로 4개의 사분면으로 나뉘어. 아래 그림을 보면 간단히 이해될 거야.

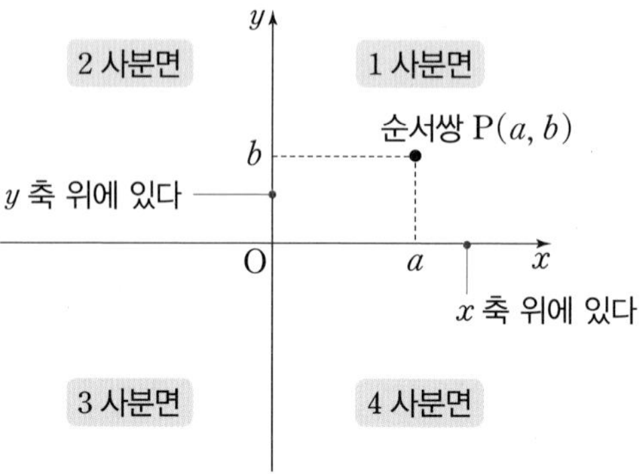

이러한 좌표평면 위에 함수의 그래프를 그리라고 한다면 x의 값과 그 값에 따른 y의 값으로 이루어진 순서쌍을 점으로 콕콕 찍으면 된단다.

여러 가지 함수

함수에도 종류가 있어. 대응되는 규칙이나 방법에 따라 크게 네 가지로 나누어 생각해 볼 수 있는데, 일대일 함수, 일대일 대응, 상수함수, 항등함수가 그 종류란다. 이 네 가지 함수에 대한 의미를 잘 이해하고, 용어를 기억해야 앞으로 더욱 심화된 과정도 이해하기 쉬워. 참고로 이 모든 이야기는 함수가 된다는 전제하에 진행된단다. 함수조차 안 된다면 일대일 함수, 일대일 대응, 상수함수, 항등함수인지도 알아볼 필요도 없어.

먼저 일대일 함수란 $f : X \rightarrow Y$에 대하여, 정의역의 두 원소 x_1, x_2에 대해 $x_1 \neq x_2$이면, $f(x_1) \neq f(x_2)$인 함수를 말해. 갑자기 외계어가 등장했지? 쉽게 말하자면 x와 y가 하나씩 하나씩 일대일로 대응하는 함수를 뜻해. 여기서 $x_1 \neq x_2$이면, $f(x_1) \neq f(x_2)$의 의미는 무엇일까? 바로 x끼리 다르면 그들이 선택한 함숫값, 즉, y의 값도 달라야 한다는 뜻이란다.

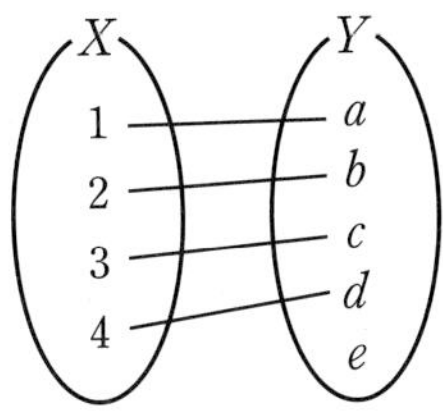

위 그림을 살펴보면 정의역의 원소 1, 2, 3, 4는 모두 선택한 y의 값이 각각 a, b, c, d로 서로 다르지? 그렇기 때문에 이건 일대일 함수라고 할 수

그래프로 함수와 일대일 함수를 판단하는 방법

만약 어떤 그래프가 주어지고 그 그래프가 함수의 그래프인지 또 그 함수가 일대일 함수인지를 어떻게 판단할 수 있을까? 간단히 그래프에 세로선이나 가로선을 쭉 그어보면 알 수 있단다.

① 함수임을 판단하는 방법

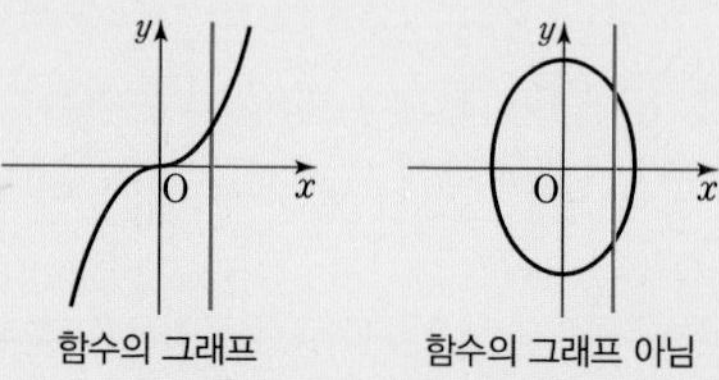

함수의 그래프 함수의 그래프 아님

먼저 함수임을 판단하는 방법을 알아보자. 함수란 모든 x의 값에 y의 값이 오직 하나씩 정해지는 관계라고 했지? 따라서 그래프에 y축에 평행한 세로선을 그어 보았을 때, 그래프와 몇 개의 점에서 만나는지 살펴보면 그 그래프가 함수의 그래프인지 아닌지 판단할 수 있어. 만약 세로선이 그래프의 한 점에서만 만난다면 x의 값에 따라 y의 값이 하나씩 정해진다는 뜻이니 함수의 그래프란다.

② 일대일 함수임을 판단하는 방법

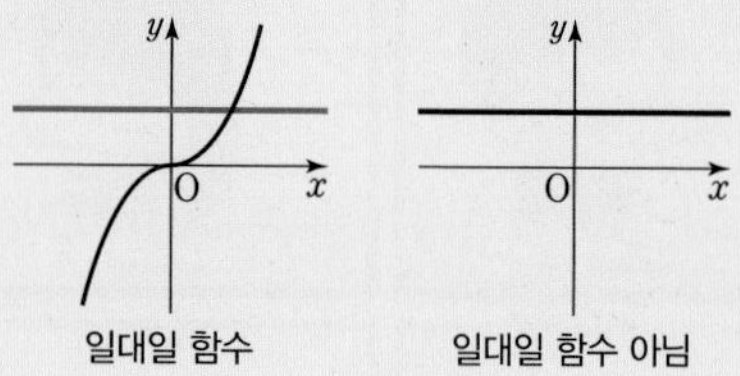

일대일 함수 일대일 함수 아님

일대일 함수가 되려면 반대로 x축에 평행한 가로선을 그어보았을 때 그래프와 몇 개의 점에서 만나는지 살펴보면 돼. 일대일 함수가 되려면 X의 두 원소 x_1, x_2에 대해 $x_1 \neq x_2$이면, $f(x_1) \neq f(x_2)$라는 조건을 만족해야 하니까, x가 다르면 그들끼리 선택한 y값도 달라. 따라서 특정한 y의 값에 x의 값이 하나씩만 연결되어 있는지를 보면 되니 어디서 가로선을 긋든 주어진 그래프와 한 점에서만 만난다면, 그 그래프는 일대일 함수의 그래프가 된단다. 이때 주어진 그래프가 함수가 아니면 일대일 함수도 당연히 아니니까 함수의 그래프 중에서만 생각하면 되고, 일대일 함수임을 만족하려면 그래프 모양이 증가, 감소를 반복하는 형태가 아닌 일관되게 증가하거나 감소하는 형태여야 한다는 사실을 반드시 기억해야 해.

있어. Y에 원소 남아 있는 원소 e가 거슬린다고? 상관없어. 공역 Y에 남은 원소는 일대일 함수를 결정짓는데 영향을 주지 않거든.

한편 일대일 대응은 일대일 함수에서 공역과 치역이 같은 함수, 즉 선택받을 아이와 선택받은 아이가 같은 함수를 의미해. 위의 일대일 함수를 표현한 그림에서, e가 빠진 공역을 생각하면 된단다. 남는 것도 없이 하나씩 하나씩 대응하는 함수이니 가장 완벽한 함수라고 할 수 있어. 일대일 대응은 일대일 함수에 포함되는 개념이란다.

상수함수는 $f: X \rightarrow Y$에 대하여, $f(x)=b$(상수)의 형태로 나타나는 함수를 의미해. 상록수가 항상 푸른 나무이듯이, y의 값이 항상 상수 b로 나타나면 상수함수가 될 수 있단다. 물론 여기서 $f(x)$가 특정한 b가 아니어도, 일정한 상수로 가는 것만 확인되면 상수 함수야.

마지막으로 항등함수는 $f: X \rightarrow X$에 대하여, $f(x)=x$인 함수, 즉 x의 값과 y의 값이 거울처럼 똑같은 함수를 뜻한단다. $f(1)=1$, $f(2)=2$, $f(3)=3$ … 이렇게 진행하는 함수가 바로 항등함수라고 할 수 있어.

합성함수

서울에서 대구까지 가는 열차를 탔다 다시 대구에서 부산가는 열차를 탔다고 하자. 이제부터 이 열차를 합성열차라고 부를 거야. 물론 진짜 있는 열차는 아니고, 선생님이 이해를 돕기 위해 붙인 말이란다. 이 합성열차를 타고 가면, 우리는 결국 어디서 어디까지 가게 되는 것일까? 맞아. 결국 서울에서 부산으로 가는 거야. 이렇게 열차를 두 번 타는 합성열차처럼, 수학에서도 함수를 두 번 합성한 새로운 함수가 있어. 바로 '합성함수'야.

합성함수는 말 그대로 2개 이상의 함수를 합성한 함수를 뜻해. 만약 X

에서 Y로 가는 함수 f, 즉 $f: X \to Y$가 있다고 하자. 또 Y에서 Z로 가는 함수 g, 즉 $g: Y \to Z$가 있다고 해 볼까? 이 두 함수를 합성하면 X에서 Y를 거쳐 Z로 가는, 즉 X에서 Z로 가는 새로운 함수가 되고 그걸 f와 g의 합성함수라고 부른단다. 이 합성함수는 $g \circ f$라고 표현하고 $g \circ f: X \to Z$라는 새로운 함수가 탄생하는 것이지! 가운데 있는 기호 '$\circ$'는 '도트'라고 읽으면 돼. $g \circ f$라 하면, 'f와 g의 합성함수' 또는 'g 도트 f'라고 부르면 된단다.

합성함수 $g \circ f: X \to Z$가 잘 정의되기 위해서는 함수 f의 치역이 함수 g의 정의역에 포함되어야 해. 왜냐하면 합성함수 $g \circ f$는 f에 의해 보낸 함숫값 $f(x)$를 다시 g에 의해 보내는 함수, 즉 $x \xrightarrow{f} f(x) \xrightarrow{g} g(f(x))$인데, 만약 g의 정의역에 $f(x)$가 들어있지 않다면, 그 다음 합성을 할 수가 없으니까 말이야. 이 조건은 합성함수가 정의되기 위해서는 너무나 당연한 이야기니까, 한 번 확인하는 정도로 넘어가면 돼!

그런데 여기서 다소 의아한 부분이 있어. f를 먼저 시행하고 그 다음 g 함수를 합성한 건데, 표현하는 순서는 $f \circ g$가 아니라 $g \circ f$로 쓴다는 것! 헷갈리기 쉬운 내용이니까 꼭 기억해 두어야 해. 합성함수는 용어가 생소해서 어렵게 느껴질 수 있어. 하지만 기호를 확실하게 알아두면 어렵지 않단다.

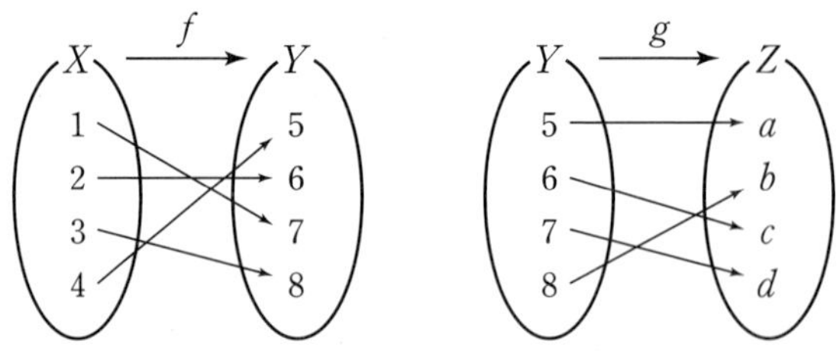

예를 들어 이런 함수가 있다고 생각해 보자. $X=\{1, 2, 3, 4\}$, $Y=\{5, 6, 7, 8\}$, $Z=\{a, b, c, d\}$이고 두 함수 $f: X \to Y$, $g: Y \to Z$를 서로

연결할 수 있지? 따라서 이는 f와 g의 합성함수이고, $g\circ f$라고 쓸 수 있어. 그렇다면 $(g\circ f)(1)$은 무엇일까? f의 1에서 시작해서 열차를 타듯 화살표를 따라 움직이면 7, d로 도착해. 그러니 답은 d란다. 이를 수학적으로 나타내면 $(g\circ f)(1)=g(f(1))=g(7)=d$야.

함수의 합성은 두 번이 아니라 필요에 따라 여러 번 하는 경우도 있단다. 예를 들어, $f\circ g\circ h$는 h와 g, f의 3개의 합성함수라고 생각할 수 있어. 물론 역시 순서에 주의해야 해. $f\circ g\circ h$는 역시 h 먼저, 그 다음 g, f의 순서로 합성된 함수라는 사실, 꼭 기억하자.

이렇게 그림으로만 문제가 나오면 열차놀이를 하듯 쉽게 문제를 풀 수 있을 텐데, 안타깝게도 우리가 풀 문제에서는 꼭 그림만 나오지는 않아. 함수식만 주고 합성함수의 값을 구하는 문제로 출제되기도 한단다. 하지만 너무 어렵게 생각할 필요는 없어. 합성함수가 도트로 표현되었을 때 뒤에서 앞으로 계산을 한다는 점만 지키면서 대입을 해서 문제를 풀면 된단다.

함수 $f(x)=2x$, $g(x)=-x+1$에 대하여, $(f\circ g)(1)$

이런 경우에는 간단하게 대입을 하면 돼.

$$f(g(1))=f(-1+1)=f(0)=0$$

그렇다면 이런 문제는 어떻게 대입을 해야 할까?

함수 $f(x)=2x$, $g(x)=-x+1$에 대하여, $(f\circ g)(x)$

이때도 마찬가지로 $g(x)$에 x를 대입하고, 그 값을 다시 $f(x)$에 대입하면 된단다.

$$(f\circ g)(x)=f(g(x))=f(-x+1)=2(-x+1)=-2x+2$$

$$\hookrightarrow f(x)=2x$$

여기서 짚고 넘어가야 할 중요한 합성함수의 성질이 있어. 바로 합성함수에서는 $a+b=b+a$, $ab=ba$ 같은 교환 법칙이 성립하지 않는다는 점이란다. 만약 이 문제가 이렇게 바뀐다면 어떨까?

$$\text{함수 } f(x)=2x,\ g(x)=-x+1\text{에 대하여, } (g\circ f)(x)$$
$$g(f(x))=g(2x)=-(2x)+1=-2x+1$$
$$\hookrightarrow g(x)=x+1$$

다른 값이 나왔지? 이처럼 두 함수 $f: X \to Y$, $g: Y \to Z$에 대하여, 합성함수에서는 교환법칙이 성립하지 않아. 한편 $(a+b)+c=a+(b+c)$, $(ab)c=a(bc)$와 같은 결합법칙은 성립한단다.

$$\because\ ((h\circ g)\circ f)(x)=(h\circ g)(f(x))=h(g(f(x)))$$

$$\because\ (h\circ(g\circ f))(x)=h(g\circ f(x))=h(g(f(x)))$$

$(h\circ g)\circ f=h\circ(g\circ f)$임을 확인할 수 있지?

예제 

함수 $f(x)=2x$, $g(x)=-x+1$에 대하여, 다음 물음에 답해 보자.

1. $(f\circ h)(x)=g(x)$인 $h(x)$

→

2. $(h\circ f)(x)=g(x)$인 $h(x)$

→

역함수

혹시 초등학교 다닐 때 배웠던 '역수' 기억나니? 분모와 분자의 위치를 뒤집은 수 말이야. 가령 $\frac{2}{3}$의 역수는 $\frac{3}{2}$이라고 배웠지? 수학적으로 정의하면 역수는 곱해서 1이 되는 수란다. 우리가 이제부터 배울 '역함수'도 같은 맥락으로 이해하면 돼. 물론 둘이 완벽하게 일치하는 개념은 아니지만.

역함수는 쉽게 말해 반대로 가는 함수라고 생각하면 된단다. '역'이라는 의미가 '반대'를 뜻하는 것이니까, 용어 자체에 뜻을 담고 있다고 보면 돼. 원래 함수 f가 X에서 Y로 가는 $f: X \rightarrow Y$ 함수였다면, 역함수는 반대로 Y에서 X에서 가는 함수야. 즉 함수 $f: X \rightarrow Y$가 일대일 대응일 때, Y를 정의역으로 하고 X를 공역으로 하는 함수가 역함수란다. 이때, f의 역함수를 f^{-1}라고 쓰고, f의 역함수, 또는 f inverse라고 읽어. 정리하자면 f의 치역이 f^{-1}의 정의역이 되고, f의 정의역이 f^{-1}의 치역이 된다는 이야기야.

그럼 여기서 잠깐, 어떤 함수가 주어졌을 때 무조건 그 함수의 역함수가 존재할까? 아니야. X에서 Y로 가는 f가 함수였다고 해서, 반대로 Y에서 X로 가는 것도 반드시 함수가 된다는 보장은 없어. 왜일까? 바로 역함수의 존재 조건이 일대일 대응이기 때문이야.

'모든 x의 값에 y의 값이 오직 하나씩 정해지는 관계' f를 함수라고 하듯, '모든 y의 값에 x의 값이 오직 하나씩 정해지는 관계'를 만족할 때 비로소 f^{-1}를 함수라고 할 수 있고, 이때 역함수가 존재한다고 이야기할 수 있어. 따라서 만약 x를 대입했을 때 나올 수 없는 y값이 공역에 있는 함수나, x의 값 여러 개가 모두 y값 하나로만 나오는 상수 함수 같은 경우에는 역함수가 존재할 수 없단다. 결국 f가 가장 완벽한 함수인 일대일 대응(일대일 함수, 공역=치역)이라는 조건을 만족해야만 하는 거야.

역함수는 합성함수와 함께 함수에서 양대 산맥을 이루는 매우 중요한 함수의 한 종류니까 잘 알아두어야 해. 역함수에는 세 가지 성질이 있는데 먼저 첫 번째 성질은 원래 함수와 역함수를 합성하면 처음 대입한 값이 그대로 나온다는 성질이야. 이것을 수학적으로 정리하면 이렇단다.

함수 $f : X \to Y$가 일대일 대응일 때,

$$(f^{-1} \circ f)(x) = x,\ (f \circ f^{-1})(y) = y$$

두 번째 성질은 역함수의 역함수는 자기 자신이라는 성질이야. 이것을 수학적으로 정리하면 이렇게 돼.

함수 $f : X \to Y$가 일대일 대응일 때,

$$(f^{-1})^{-1} = f$$

마지막 성질은 합성함수에 역함수를 취하면, 각각 역함수를 취하면서 순서가 반대로 된다는 성질이란다.

함수 $f : X \to Y,\ g : Y \to Z$가 일대일 대응일 때,

$$(g \circ f)^{-1} = f^{-1} \circ g^{-1}$$

한편 역함수의 그래프도 특징이 있어. 먼저 f와 f^{-1}는 그래프상으로 $y=x$에 대칭이라는 점이야. 따라서 f^{-1}의 그래프를 그리고 싶다면 f를 $y=x$에 대칭이동시키면 된단다. 함수 f와 역함수 f^{-1}는 x와 y의 역할이 바뀐다고 했지? 마찬가지로 함수 f를 직선 $y=x$에 대칭이동시키면, x와 y가 자리를 바꾼단다. 자세한 내용은 뒤에서 배울 대칭이동에서 배우게 될 텐데, 함수 f와 역함수 f^{-1}를 구하는 것은 그래프에서 보면 함수 f를 $y=x$에 대칭이동시키는 과정과 완전히 똑같다고 보면 돼.

역함수의 그래프의 또 다른 특징은 f와 f^{-1}의 만나는 점(교점)을 구하

고자 한다면, f와 $y=x$의 교점을 구하면 된다는 점이야. 일반적으로 역함수 문제에서는 f^{-1}를 직접 구하는 게 쉽지 않거나, f와 f^{-1}를 연립해서 푸는 게 복잡한 경우가 많아. 따라서 f와 f^{-1}의 만나는 점(교점)을 구하고자 한다면, f와 $y=x$를 연립하면 조금 더 쉽단다.

그렇다면 역함수의 식은 어떻게 구할까? 아주 간단해. 주어진 함수를 x에 관해 푼 뒤 x와 y를 맞바꾸면 되거든. 이때, 원래 함수의 치역은 역함수의 정의역이 된단다. 예를 들어 볼까?

$$f(x)=-2x+3$$

이 함수의 역함수 $f^{-1}(x)$는 무엇일까? 먼저 주어진 함수를 x에 관해 푼 뒤 x와 y를 맞바꿔 보자.

$$y=-2x+3,\ 2x=-y+3,\ x=-\frac{y}{2}+\frac{3}{2}$$

$$x=-\frac{y}{2}+\frac{3}{2} \Rightarrow y=-\frac{x}{2}+\frac{3}{2}$$

$$\text{역함수}\ f^{-1}(x)=-\frac{1}{2}x+\frac{3}{2}$$

이때 f의 치역은 실수 전체이므로, f^{-1}의 정의역도 실수 전체가 될 거야. 따라서 정답을 쓸 때 실수 전체가 정의역이라면 굳이 따로 이야기하지 않아도 된단다. 하지만 치역의 범위가 정해져 있을 때는 역함수의 정의역의 범위, 즉 역함수의 x의 범위도 반드시 써 주어야 해.

역함수의 식을 직접 구하는 문제는 자주 등장하지는 않아. 대신 역함수의 정의와 다양한 성질을 이용해 해결하는 문제가 더 많이 나온단다. 하지만 역함수의 식을 직접 구하는 연습을 해두긴 해야 해. 문제 속에서 주어진 두 함수가 역함수 관계인지 아닌지 판단할 때 필요할 수 있거든.

예제 

주어진 함수의 역함수를 구해 보자.

1. 함수 $f(x)=3x+6$의 함수 $f^{-1}(x)$

➡

2. 함수 $f(x)=x^2-1$의 함수 $f^{-1}(x)(x\geq 0)$

➡

02
도형의 이동

#도형의 이동, #대칭이동, #평행이동, #$f(x, y)=0$

이번에는 복잡한 숫자와 문자를 잠시 내려두고, 도형을 가지고 공부할 거야. 물론 도형의 이동을 배우는 것도 결과적으로는 함수와 관련이 있단다. 도형을 이동시키는 방법은 크게 두 가지를 생각해 볼 수 있어. 대칭이동과 평행이동! 모든 함수를 공부하기 위한 가장 기본이라고 할 수 있기 때문에 의미와 방법을 잘 정리해야 해.

대칭이동

대칭이동이란 어떤 도형을 한 직선 또는 한 점에 대해 대칭인 도형으로 이동시키는 것을 의미해. 쉽게 말해서 우리가 어렸을 때 많이 하고 놀았던 '데칼코마니' 기억하니? 종이에 물감을 칠해서 반으로 접어 똑같은 모양이 나오도록 하는 놀이지. 직선에 대해 대칭이동을 하는 것은 바로 데칼코마니와 완전히 같단다. 이쯤 되면 대칭이동이 어떤 것인지 이해가 가지?

수학에서 많이 하는 대칭이동은 크게 네 가지! x축 대칭, y축 대칭, 원점 대칭, 직선 $y=x$에 대칭이야. 많이 쓰이는 대칭이동의 종류와 방법은 명확히 알아두어야 해.

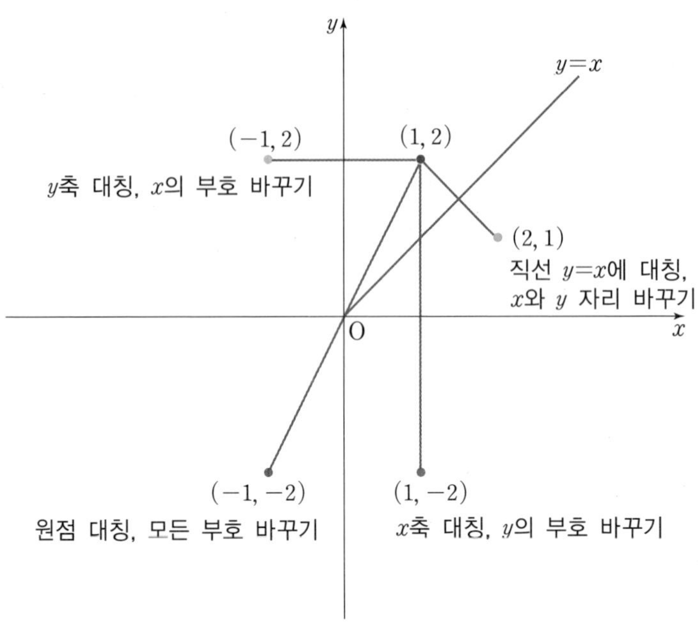

그림으로 보니 한 눈에 이해가 가지? 지금은 점 $(1, 2)$를 x, y축, 원점 대칭, 직선 $y=x$에 대칭시키는 것을 토대로 살펴봤지만, 도형(직선 또는 포물선 등)을 대칭이동시키는 것도 방법은 완전히 똑같아. 대칭이동은 쉽게 말하면, '접는다!'를 떠올리고 각각 반대로 부호를 바꾼다고 외우면 쉬워. 예를 들어 x축 대칭이라면 반대로 y의 부호를 바꾸고, y축 대칭이라면 반대로 x의 부호를 바꾸고. 원점 대칭이라면 둘 다 바꾸고, 직선 $y=x$에 대칭이라면 부호가 아닌 x, y의 자리를 바꾼다고 외우면 된단다.

용어 정리

대칭이동

x축 대칭 : y값 부호 변경
y축 대칭 : x값 부호 변경
원점 대칭 : $(0, 0)$에 대칭, 모든 부호 변경
직선 $y=x$ 대칭 : x값과 y값을 서로 바꿈

예제 

다음 점 또는 도형을 x축 대칭, y축 대칭, 원점에 대해 대칭, 직선 $y=x$에 대칭이동 시켜 보자.

1. $(-3,\ -2)$

➡

2. $x-2y-1=0$

➡

3. $y=x^2-x+1$

➡

평행이동

평행이동이란 어떤 도형을 모양과 크기를 바꾸지 않고 일정한 방향으로 일정한 거리만큼 옮기는 것을 의미한단다. 따라서 수학에서 평행이동을 시킬 때에는 어디로 얼마만큼 평행이동시킬 것인지 방향과 거리를 명시해야 해. 방향을 생각할 땐 흔히 x축으로 평행이동시키는 경우와 y축으로 평행이동시키는 두 가지 경우를 생각할 수 있단다. 또 얼마큼 평행이동 시킬지는 문제마다 따로 제시하니 걱정할 필요 없어.

일반적으로 점을 평행이동할 때는 어떤 축으로 얼마큼 이동했는지에 따라 값을 더해주면 돼, 가령 점 $(1, 2)$를 x축으로 3만큼, y축으로 1만큼 평행이동했다면 $(4, 3)$이 된다고 보면 된단다. 즉 점 (x, y)를 x축으로 a만큼, y축으로 b만큼 평행이동시키면, $(x+a, y+b)$로 옮겨진다는 사실!

그렇다면 도형을 평행이동하려면 어떻게 해야 할까? 대칭이동의 경우엔, 도형(직선 또는 포물선 등)을 대칭이동시키나, 점을 대칭이동시키는 것이나 방법은 같았어. 하지만 평행이동은 절대 그렇지 않단다! 도형(직선 또는 포물선 등)을 평행이동시킬 때에는 본질은 같지만, 방법은 점과 반대라고 기억해야 해. 따라서 도형 $f(x, y)=0$을 x축으로 y만큼, y축으로 b만큼 평행이동시키면, $f(x-a, y-b)=0$이 돼. 즉 x 대신 $x-a$, y 대신 $y-b$를 대입하면 된단다.

용어 정리

점의 평행이동

(x, y)는 x축으로 a만큼, y축으로 b만큼 평행이동시키면, $(x+a, y+b)$가 된다.

도형의 평행이동

$f(x, y)=0$을 x축으로 a만큼 y축으로 b만큼 평행이동시키면, $f(x-a, y-b)=0$ 이 된다.

앞으로 평행이동을 할 때는 대칭이동과 달리 점을 평행이동시키는 것인지, 도형을 평행이동시키는 것인지 잘 따져야 한단다.

예제 

다음 점 또는 도형을 평행이동시켜 보자.

1. $(-3, -2)$를 x축으로 -2만큼, y축으로 4만큼 평행이동

→

2. $2x-y-1=0$을 x축으로 -2만큼, y축으로 4만큼 평행이동

→

3. $y=x^2-3$을 x축으로 -2만큼, y축으로 4만큼 평행이동

→

03
일차함수

#일차함수, #$y=ax+b$, #기울기, #x절편, #y절편, #축에_평행한_직선, #$x=k$, $y=k$

x의 차수에 따라 일차방정식, 이차방정식, 삼차방정식… 이렇게 구분하듯, 함수도 x의 차수에 따라 일차함수, 이차함수, 삼차함수… 이런 식으로 나눌 수 있어. 이번엔 그중에서도 일차함수에 대해 공부해 보자! 중학교 2학년 때 대부분 배웠던 내용이지만, 고등학교 내용까지 연결되기 때문에 매우 중요하니 확실히 복습해야 해.

일차함수 $y=ax$, $y=ax+b$

우리가 배울 일차함수란 $y=f(x)$에서 y가 x에 대한 일차식으로 나타내어질 때, 함수 $y=x-1$, $y=-\frac{1}{2}x$, $3x+y-1=0$를 의미해. 예를 들어서 위와 같은 함수는 모두 일차식이니 일차함수야.

함수를 맨 처음 시작했을 때, 호빵을 비유해 정비례를 배웠던 것 기억나니? 일차함수를 이해하기 위해서는 일차함수의 가장 기초적인 함수인 $y=x$와 $y=-x$ 함수를 익히는 게 좋아. 그리고 이 함수는 대표적인 정비례 함수란다.

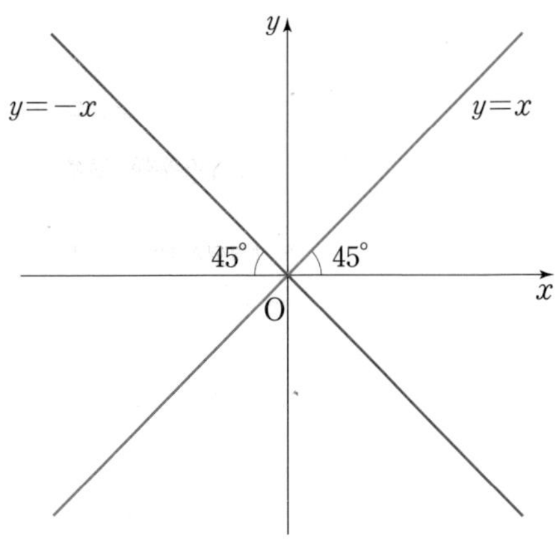

먼저 $y=x$의 그래프를 생각해 보자. 위 그래프에서 파란 선으로 표현된 게 바로 $y=x$ 함수의 그래프야. $(0, 0)$, $(1, 1)$, $(2, 2)$ 등 $y=x$에 대입해서 성립하는 점들을 모아서 찍은 뒤에 연결하면 그림과 같이 원점을 지나고, x축과 $45°$ 각도를 이루는 직선이 그려진단다. x의 값이 증가할 때 y의 값도 증가하는, 오른쪽 위를 향하는 직선이지.

반면 위 그래프에서 빨간 선으로 표현된 건 $y=-x$ 함수의 그래프야. $(0, 0)$, $(1, -1)$, $(2, -2)$ 등 $y=-x$에 대입해서 성립하는 점들을 모아서 찍은 뒤 연결하면 그림과 같이 원점을 지나고, x축과 $45°$ 각도를 이루는 직선이 그려지지. 이는 x의 값이 증가할 때 y의 값은 감소하니 오른쪽 아래를 향하게 된단다.

$y=x$의 그래프와 $y=-x$의 그래프에 대해 살펴보면서 일차함수에 대해 감을 잡았을 거야. 이 두 그래프를 기본형으로 생각하고, 이번엔 이 선들의 기울기를 살짝 변형해 볼 거야. 바로 가장 기본적인 일차함수, $y=ax$ 그래프에 관해 배울 차례란다.

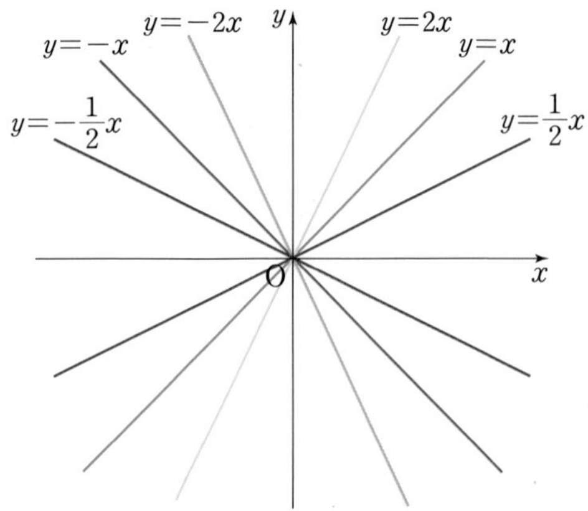

$y=ax$의 그래프는 a가 0보다 클 때와 0보다 작을 때로 나눌 수 있어. a가 0보다 크면 $y=x$ 그래프의 형태에서 기울고, a가 0보다 작으면 $y=-x$ 그래프에서 기운단다. 이 그래프는 모두 $(0, 0)$, 즉 원점을 지나는 직선이고, $|a|$의 값이 크면 클수록 y축에 가까워진다는 특징이 있어.

그럼 지금까지 그려 본 $y=ax$의 그래프 형태를 바탕으로, 이제 조금 변형된 $y=ax+b$의 그래프에 대해 공부해 보자. $y=ax+b$의 그래프는 $y=ax$의 그래프를 y축 방향으로 b만큼 평행이동시킨 그래프를 의미해. 평행이동에 대해서는 앞에서 확인했지? 도형 $f(x, y)=0$을 x축으로 p만큼, y축으로 q만큼 평행이동시키면 $f(x-p,\ y-q)=0$, 즉 x 대신 $x-p$, y 대신 $y-q$를 대입하면 된다는 것 말이야. 따라서 $y=ax$를 y축으로 b만큼 평행이동한다고 생각했을 때, $y-b=ax$가 되고, 이를 정리하면 $y=ax+b$가 되는 거란다.

$y=ax+b$의 그래프를 그리는 방법은 이제 잘 알겠지? $y=ax$에서 평행이동을 이용해 구하면 된다는 사실! 지금부터는 $y=ax+b$의 그래프에서 몇 가지 중요한 용어를 정리해 볼 거야. 바로 기울기, x절편, y절편인데, 이 세 가지는 일차함수를 공부하는 데 있어서 매우 중요한 삼총사이니까 꼭

의미를 알아두고, 식이 주어졌을 때 바로 값을 구할 수 있도록 연습을 잘 해두어야 한단다. 또 기울기, x절편, y절편을 알면 그래프를 그리는 데에도 많이 도움이 되니까 지금부터 함께 살펴보자.

기울기, x절편, y절편

먼저 기울기란 말 그대로 직선이 기울어진 정도를 말해. 언덕을 하나 상상해 보자. 완만해서 올라가기 쉬운 언덕은 많이 기울지 않았다고 말하지? 반면 가팔라서 오르기 힘든 언덕은 많이 기울었다고 말하고. 이처럼 기울어진 정도, 즉 기울기가 클수록 직선도 y축에 가깝단다. 기울기를 수학적으로 정의하면, 기울기$=\dfrac{(y\text{의 값의 변화량})}{(x\text{의 값의 변화량})}$이라고 할 수 있어. 이 값은 방금 배웠던 $y=ax+b$의 그래프에서 a이기도 하고.

문제에서 기울기를 물어 보는 유형은 함수식이 주어진 경우, 그래프가 주어진 경우, 두 점이 주어진 경우 이렇게 세 가지가 있어. 함수식이 주어졌을 때는 x 앞의 계수를 말하면 되고, 그래프와 두 점이 주어진 경우에는 기울기$=\dfrac{(y\text{의 값의 변화량})}{(x\text{의 값의 변화량})}$를 이용하면 된단다.

그렇다면 x절편, y절편은 무엇일까? 절편이란 축에 의해 잘린 부분을 의미해. 절편 떡을 생각해 보면 무슨 뜻인지 알 거야. 따라서 x절편, y절편이란 $y=ax+b$의 그래프에서, 각각 그래프가 x축과 만나는 점의 x좌표와 y축과 만나는 점의 y좌표를 의미한단다. 구하는 방법은 x절편의 경우 y축과 만나는 점을 구해야 하니까, $y=0$일 때 x의 값을 구하면 돼. 반면 y절편은 x축과 만나는 점을 구해야 하니까, $x=0$일 때 y의 값을 구하면 된단다. 이

용어 정리

기울기 직선이 기울어진 정도, 기울기$=\dfrac{(y\text{의 값의 변화량})}{(x\text{의 값의 변화량})}=a$

x절편 그래프가 x축과 만나는 점의 x좌표, $y=0$일 때 x의 값

y절편 그래프가 y축과 만나는 점의 y좌표, $x=0$일 때 y의 값

렇게 $y=ax+b$ 함수에서 x에 0을 대입하면, $y=b$가 되니 y절편의 값은 b라는 것을 바로 알 수 있어.

이제 일차함수에서 기울기와 x절편, y절편의 의미와 $y=ax+b$의 함수식에서 기울기는 a, y절편은 b라는 것을 알겠지? x절편, y절편은 일차함수에서만 나오는 개념은 아니고, 이차함수나 삼차함수에서도 똑같이 x축과 만나는 점의 x좌표를 x절편, y축과 만나는 점의 y좌표를 y절편이라고 한단다. 즉 x절편, y절편은 앞으로도 계속 등장할 개념이라는 뜻이지!

꿀팁

$y=ax+b$ 그래프 그리는 방법

$y=ax+b$의 그래프를 그리는 방법은 총 세 가지가 있어. 바로 평행이동을 이용한 방법과 기울기와 x절편, x절편과 y절편을 이용한 방법이란다.

① 평행이동을 이용한 방법

평행이동을 이용한 방법은 먼저 $y=ax$의 그래프를 그려야 한단다. $(0, 0)$을 지나고, 최고차항의 계수, 즉 a가 양수인지 음수인지를 확인한 뒤, 정비례 혹은 반비례 그래프를 그려, 그 뒤에 $|a|$의 값이 큰 정도에 따라 y축에 가깝게 기울기를 조절하고, 마지막으로 y축으로 b만큼 평행이동을 하면 된단다. 직접 대입을 해 보면 더 정확한 기울기를 알 수 있어.

② 기울기와 y절편을 이용한 방법

먼저 y절편을 알고 있으니, 우선 y축과 만나는 점, $(0, b)$를 찍어. 그 다음에는 임의로 x가 1인 경우의 y값을 구한 뒤, 두 점을 쭉 연결하면 된단다. 이때 x가 1인 경우 y의 값을 알기 위해서는 기울기 공식을 활용해야 해. 즉 $\frac{(y-b)}{(1-0)}=$기울기 a이니, x가 1인 경우의 순서쌍은 $(1, a+b)$가 될 거야. 이제, 두 점을 연결하면 끝이야.

③ x절편과 y절편을 이용한 방법

이 방법은 정말 간단한 방법이야. x절편의 값은 (x절편, 0)이고 y절편의 값은 (0, y절편)이니 이 두 점을 연결하면 끝!

특수한 직선, 축에 평행한 직선 $x=k$, $y=k$

이번엔 매우 특수한 함수에 대해 공부해 볼 거야. 비록 일차함수는 아니지만 매우 중요한 함수란다. 바로 축에 평행한 직선, 즉 x축에 평행한 직선과 y축에 평행한 직선이야.

축에 평행한 직선은 기본적으로 x나 y가 상수가 되어야 한단다. x축에 평행한 직선은 $y=k$(k는 상수)가 되고, x축에 평행한 직선은 $x=k$(k는 상수)야. 즉 x축에 평행한 직선은 모든 x의 값에 대해 y좌표가 항상 k인 점들의 모임이고, y축에 평행한 직선은 모든 y의 값에 대해 y좌표가 항상 k인 점들의 모임이라고 볼 수 있어. 나아가 x축의 다른 이름은 $y=0$, y축의 다른 이름은 $x=0$이라는 사실도 쉽게 확인 가능하단다.

직선의 방정식 완성하기

지금까지 일차함수 식이 주어졌을 때 직선의 기울기, x절편, y절편 등을 구하고 그래프를 그리는 방법을 공부했지? 이제는 반대로 직선의 기울기, x절편, y절편 등의 조건이 주어졌을 때 일차함수의 식, 즉 직선의 방정식을 완성해 보는 연습을 해 볼 거야. 중학교 2학년 때 잠깐 공부했었고 고등학교 때 매우 중요하게 다시 다루는 내용이기도 하니까, 잘 공부해 두어야 해.

이렇게 직선의 방정식을 완성하는 방법은 보통 네 가지로 유형으로 나눌 수 있어. 기울기와 x절편이 주어진 경우, 기울기와 지나는 한 점이 주어진 경우, 서로 다른 두 점이 주어진 경우, x절편, y절편이 주어진 경우가 바로 그 유형이란다.

유형 1. 기울기 m과 y절편 b가 주어진 경우

$$y=mx+b$$

이 경우에는 간단하게 문제를 풀 수 있어. 앞서 $y=ax+b$ 형식의 함수 그래프에서 a는 기울기, b는 y절편이라는 것을 보았지? 기울기 m을 a에 y절편을 b에 대입하면 된단다.

유형 2. 기울기 m과 지나는 한 점 (x_1, y_1)가 주어진 경우

$$y=m(x-x_1)+y_1$$

이 경우에는 먼저 기울기가 m이니 $y=mx$라고 시작을 하면 된단다. 그 다음 점 (x_1, y_1)을 지난다고 했으니, $y=mx$를 x축으로 x_1만큼, y축으로 y_1만큼 평행이동시킨 직선이 되겠지? 앞서 도형이 평행이동할 때는 원래 값에서 이동한 값만큼 빼면 된다고 이야기했으니, x대신 $x-x_1$, y대신 $y-y_1$을 대입하면, $y-y_1=m(x-x_1)$이 될 거야. 이 식을 정리하면 $y=m(x-x_1)+y_1$가 돼.

유형 3. 서로 다른 두 점 (x_1, y_1), (x_2, y_2)이 주어진 경우

$$y=\left(\frac{y_2-y_1}{x_2-x_1}\right)(x-x_1)+y_1$$

이 경우에는 먼저 기울기를 구해야 해. 기울기$=\frac{(y\text{의 값의 변화량})}{(x\text{의 값의 변화량})}=\frac{(y_2-y_1)}{(x_2-x_1)}$이므로, $y=\left(\frac{y_2-y_1}{x_2-x_1}\right)x$로 식을 시작하면 된단다. 그 뒤에 기울기와 한 점을 알고 있으니 유형 2처럼 한 점 (x_1, y_1)을 지난다는 것을 이용해 대입하면 $(y-y_1)=\left(\frac{y_2-y_1}{x_2-x_1}\right)(x-x_1)$이 나오고, 이를 정리하면 직

선의 방정식 완성!

그런데 이 유형에서 두 점 (x_1, y_1) (x_2, y_2)를 지나는 직선의 방정식을 구할 때, 만약 $x_1=x_2$인 경우엔 직선의 방정식을 어떻게 구할까? 이 경우엔 기울기 $\frac{y_2-y_1}{x_2-x_1}$의 분모가 0이 되어 기울기를 구할 수 없는 상황이 될 거야. 이럴 땐 그래프를 그려 보면 된단다. 그래프를 그리면 축에 평행한 직선, 그중에서도 y축에 평행한 직선이 그려질 거야. 따라서 x로 시작하는 식 $x=x_1$(또는 $x=x_2$)이라고 보면 돼.

유형 4. x절편, a, y절편 b가 주어진 경우

$$\frac{x}{a}+\frac{y}{b}=1$$

이 경우에는 공식으로 외워두면 쉬워. 그렇지만 왜 그런지 알면 더 잘 외워지겠지? a절편이 a, y절편이 b라는 이야기는 $(a, 0)$와 $(0, b)$를 지난다는 의미야. 두 점 $(a, 0)$와 $(0, b)$를 지나는 직선을 완성하기 위해, 기울기를 구하면 기울기$=\frac{(y\text{의 값의 변화량})}{(x\text{의 값의 변화량})}=\frac{b-0}{0-a}=-\frac{b}{a}$가 된단다. 따라서 기울기$=-\frac{b}{a}$, y절편은 b인 직선의 방정식을 완성하는 것이므로 $y=-\frac{b}{a}x+b$가 되고 양변을 b로 나누어 정리하면, $\frac{y}{b}=-\frac{x}{a}+1$, 이를 다시 정리하면 $\frac{x}{a}+\frac{y}{b}=1$이 되는 거야. 이 과정을 이해했다면, 앞으로 결과를 외워두고 써먹으면 매우 유용할 거야.

예제 

주어진 조건을 만족하는 직선의 방정식을 완성해 보자.

1. 기울기가 -2이고, y절편이 6인 직선의 방정식

→

2. 기울기가 -2이고, 점 $(-2,\ -3)$을 지나는 직선의 방정식

→

3. 두 점 $(-2, 7)$, $(4, 1)$을 지나는 직선의 방정식

→

4. 두 점 $(-2, 5)$, $(-2, 7)$를 지나는 직선의 방정식

→

5. 두 점 $(3, 4)$, $(-1, 4)$를 지나는 직선의 방정식

→

6. x절편이 -1, y절편이 5인 직선의 방정식

→

일차함수와 일차방정식의 관계

앞서 연립방정식을 공부할 때 미지수가 2개인 일차방정식 $ax+by+c=0$ (a, b, c는 상수, $a\neq 0$, $b\neq 0$)의 근을 잠깐 그래프로 표현했는데 혹시 기억나니? 이처럼 미지수가 2개인 일차방정식은 근을 x, y에 대입해서 성립하는 (x, y)의 값을 모두 모아 좌표평면에 찍어보면 직선이 된단다.

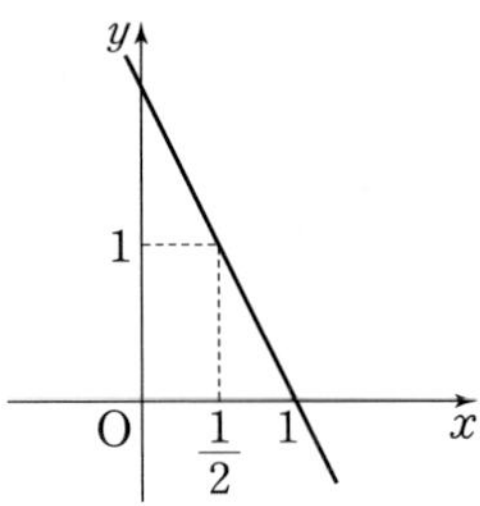

위의 그래프가 바로 점을 찍어 연결한 $2x+y=2$의 그래프야. 이렇게 그림으로 표현한 그래프는 $ax+by+c=0$을 y를 기준으로 정리한 일차함수 $y=-\frac{a}{b}x-\frac{c}{b}$의 그래프와 일치한단다. $2x+y=2$를 y를 기준으로 정리하면 $y=-2x+2$, 즉 기울기는 -2고 y절편은 2인 일차함수가 되지? 앞서 기울기와 y절편이 주어졌을 때 그래프를 그리는 방법을 배웠으니 그에 따라 그래프를 그리면 이렇게 돼.

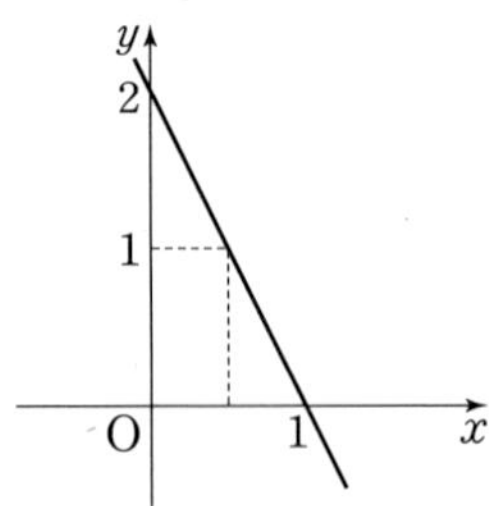

결국 두 그래프가 일치함을 눈으로 확인할 수 있어. 따라서 미지수가 2개인 일차방정식 $ax+by+c=0$(a, b, c는 상수, $a\neq0$, $b\neq0$)의 그래프는 일차함수 $y=-\frac{a}{b}x-\frac{c}{b}$의 그래프와 같고. $ax+by+c=0$를 y를 중심으로 정리한 뒤 양변에 b를 나누면 $by=-ax-c \Leftrightarrow y=-\frac{a}{b}x-\frac{c}{b}$가 된다는 것을 알 수 있단다.

우리가 방금 배운 일차방정식의 해가 일차함수의 그래프로 표현된다는 사실은 수학에서 매우 중요해. 일차방정식 $ax+by+c=0$과 일차함수

$y=-\frac{a}{b}x-\frac{c}{b}$가 겉으로 보기에 형태만 달라 보일 뿐, 결국은 서로 일맥 상통한다고 볼 수 있다는 뜻이거든. 따라서 앞으로 $ax+by+c=0$라고 주어지더라도 똑같이 기울기, x절편, y절편 등을 구할 수 있게 된 거란다. 즉 $ax+by+c=0$(a, b, c는 상수, $a\neq 0$, $b\neq 0$)라는 일차방정식의 기울기는 $-\frac{a}{b}$, y절편은 $-\frac{c}{b}$, x절편은 y에 0을 대입한 값, 즉 $-\frac{c}{a}$라고 볼 수 있겠지?

일차함수의 위치관계

이번엔 두 일차함수의 위치 관계에 대해 살펴볼 거야. 중학교 2학년 때 조금 배웠던 내용이지만 고등학교에 와서 더 자세히 배우는 내용이란다.

일차함수는 다음 세 가지 경우 중 하나로 직선으로 나타나. 바로 일치, 평행, 한 점에서 만나는 경우이지. 여기서 한 점에서 만나는 경우는 특수한 상황으로 수직으로 만나는 경우까지도 같이 공부할 거야.

먼저 두 직선이 일치하는 경우는 아주 간단해. 두 직선이 완전히 겹쳐지니까 만나는 점의 개수도 무수히 많고, 이 직선을 $y=ax+b$라는 식으로 표현했을 때 기울기도 같고 y절편도 같단다. 즉 완전히 같은 직선이라고 보면 되지.

두 직선이 평행하는 경우도 마찬가지로 간단하단다. 평행하다는 것은 만나는 점이 전혀 없다는 이야기야. 직선의 기울기가 아주 조금이라도 다르면 선을 길~게 연장했을 때 언젠가는 두 선이 만나게 되겠지? 따라서 이 경우이는 두 직선의 식에서 기울기는 완전히 같고, y절편만 달라야 한단다.

마지막 경우는 한 점에서 만날 때야. 평행과는 반대로 기울기가 달라야 두 선이 만날 수 있어. 하지만 y절편은 같든지 다르든지 아무런 상관이 없단다. 그런데 아주 특이하게, 두 선이 수직으로 만난다면 어떨까?

두 선이 수직으로 만난다고 해도 마찬가지로 만나는 점은 1개고 기울기는 다를 거야. 하지만 기억해야 할 점이 있다면 수직으로 만나는 경우에는 두 직선의 식을 각각 $\begin{cases} y=mx+n \\ y=m'x+n' \end{cases}$라고 했을 때 기울기의 곱, 즉 $m\times m'$이 -1이 된단다.

다른 경우는 직관적으로 이해가 다 갈 텐데, 수직으로 만나는 경우 왜 기울기의 곱이 -1이면 되는 것인지는 바로 이해가 가지 않을 거야. 이 부분은 추후에 도형을 배우면서 두 점 사이의 거리와 피타고라스의 정리를 함께 공부하면서 증명을 할 수 있어. 여기서는 결과만 기억하고 가도 충분하단다.

그렇다면 두 직선의 형태가 $\begin{cases} y=mx+n \\ y=m'x+n' \end{cases}$이 아니라, 일차방정식의 형태, 즉 $\begin{cases} ax+by+c=0 \\ a'x+b'y+c'=0 \end{cases}$의 꼴로 주어졌을 땐 두 직선의 위치 관계를 어떻게 판단할 수 있을까?

$ax+by+c=0$은 $y=-\frac{a}{b}x-\frac{c}{b}$의 꼴로 쉽게 고칠 수 있어. 따라서 $\begin{cases} ax+by+c=0 \\ a'x+b'y+c'=0 \end{cases}$를 $\begin{cases} y=-\frac{a}{b}x-\frac{c}{b} \\ y=-\frac{a'}{b'}x-\frac{c'}{d'} \end{cases}$로 고친 뒤 방금 알려준 방법대로 생각하면 돼. 하지만 $\begin{cases} ax+by+c=0 \\ a'x+b'y+c'=0 \end{cases}$의 꼴에서도 바로 두 직선의 위치 관계를 판단이 가능하다면 더욱 좋겠지?

먼저 $\begin{cases} ax+by+c=0 \\ a'x+b'y+c'=0 \end{cases}$의 꼴인 $\begin{cases} 2x+y-1=0 \\ 4x+2y-2=0 \end{cases}$를 그래프로 나타냈을 때, 두 선이 일치하는 경우를 살펴보자. 이 경우에는 마찬가지로 기울기

가 같고 y절편도 같아. 이때 식을 번거롭게 변형하지 않고도 두 선이 일치하는지 알아보려면 '계수의 비'를 생각하면 된단다. (x의 계수의 비)=(y의 계수의 비)=(상수항의 비)이면 두 선이 정확히 일치한다고 보면 돼.

기울기 결정!

$$\begin{cases} 2x+y-1=0 \\ 4x+2y-2=0 \end{cases}$$

y절편 결정!

$$\frac{2}{4}=\frac{1}{2}=\frac{-1}{-2}$$

그렇다면 두 선이 평행인 경우를 살펴볼까? 위의 식에서 살짝만 변경해서 $\begin{cases} 2x+y-1=0 \\ 4x+2y-1=0 \end{cases}$라는 식의 그래프가 만나는지, 만나지 않는지를 알아보자. 만약 두 선이 평행이려면 기울기가 같고 y절편은 달라야 한다고 배웠어. 따라서 (x의 계수의 비)=(y의 계수의 비)$\neq$(상수항의 비)라면 두 선이 평행한다고 볼 수 있단다.

기울기 결정!

$$\begin{cases} 2x+y-1=0 \\ 4x+2y-2=0 \end{cases}$$

y절편 결정!

용어 정리

두 직선이 $\begin{cases} ax+by+c=0 \\ a'x+b'y+c'=0 \end{cases}$일 때

① 일치하는 경우 : $\frac{a}{a'}=\frac{b}{b'}=\frac{c}{c'}$

② 평행인 경우 : $\frac{a}{a'}=\frac{b}{b'}\neq\frac{c}{c'}$

③ 한 점에서 만나는 경우 : $\frac{a}{a'}\neq\frac{b}{b'}$

$$\frac{2}{4}=\frac{1}{2}\neq\frac{-1}{-1}$$

마지막으로 한 점에서 만나는 경우에는 기울기가 다르면서 y절편은 같거나 다르거나 상관이 없다고 했어. 따라서 이 경우에는 (x의 계수의 비)$\neq$(y의 계수의 비)인지만 살펴보면 돼. 가령 $\begin{cases}3x+y-1=0\\2x+y-2=0\end{cases}$라는 두 식이 있다고 했을 때,

기울기 결정!

$$\begin{cases}3x+y-1=0\\2x+y-2=0\end{cases}$$

$$\frac{3}{2}\neq\frac{1}{1}$$

이렇게 각 계수의 비를 살펴보면 두 값이 일치하지 않으니 한 점에서 만난다고 볼 수 있어.

참고로, $\begin{cases}ax+by+c=0\\a'x+b'y+c'=0\end{cases}$로 주어졌을 때, 수직으로 만나는 경우도 물론 공식화해서 바로 판단이 가능하단다. 하지만 여기에서는 따로 공식화해서 정리하지 않을 거야. $\begin{cases}y=-\dfrac{a}{b}x-\dfrac{c}{b}\\[2ex]y=-\dfrac{a'}{b'}x-\dfrac{c'}{b'}\end{cases}$ 의 꼴로 고쳐서 기울기의 곱이 -1임을 이용해도 시간이 많이 걸리거나 번거롭지 않거든.

예제 

두 직선의 관계를 보고 a의 값을 구해 보자.

1. $y=-x+1$, $y=(3-a)x-4$ 두 직선이 평행일 때, a의 값

→

2. $y=-x+1$, $y=(3-a)x-4$ 두 직선이 수직일 때, a의 값

→

3. $ax-y=0$, $4x+2y-2=0$ 두 직선이 평행일 때, a의 값

→

4. $ax-y=0$, $4x+2y-2=0$ 두 직선이 수직일 때, a의 값

→

연립방정식의 해와 그래프

지금까지 $ax+by+c=0$을 그래프로 표현하고, 두 직선의 위치 관계를 판단하는 연습을 했어. 왜 이런 연습을 했을까? 바로 연립방정식의 그래프를 그리고, 해를 구하는 방법을 알아보기 위해서란다.

우리가 배운 두 가지 지식을 연결시켜 보면, 연립방정식의 해는 두 직선의 교점(만나는 점)이고, 연립방정식의 개수가 곧 두 직선이 만나는 점의 개수와 같다는 이야기로 이어져. 따라서 연립방정식을 직접 풀기 전에 해의 개수를 추측할 수 있다는 결론도 얻을 수 있지. 이렇게 방정식과 함수는 정말 밀접하게 연결이 되어 있어.

물론 만약 연립방정식의 해를 구하고자 한다면, 가감법 또는 대입법을 이용해 문자를 소거해 연립방정식을 푸는 방법을 이용해야 해. 그렇지만 직접 해를 구할 필요 없고, 평행, 일치, 한 점에서 만나는 세 가지 경우 중 어디에 해당되는지만 알면 되는 경우에는 앞서 배웠듯 계수의 비로 바로 판단하면 된단다. 평행인 경우는 해가 없고, 일치하도록 나오면 해는 무수히 많으니 자연스럽게 두 직선의 위치 관계와 연립방정식의 해의 개수를 연결시킬 수 있겠지?

용어 정리

연립방정식과 두 직선의 위치관계 비교

연립방정식의 해 = 두 직선이 만나는 점의 x좌표

연립방정식의 해의 개수 = 두 직선이 만나는 점의 개수

예제 

다음 연립방정식의 해의 개수를 구해 보자.

1. $\begin{cases} 2x+y=4 \\ x-y=1 \end{cases}$

→

2. $\begin{cases} 2x+4y=-4 \\ x+2y=-2 \end{cases}$

→

3. $\begin{cases} 2x+4y=4 \\ x+2y=1 \end{cases}$

→

04 이차함수

#이차함수의_그래프, #꼭짓점, #축, #$y=ax^2$, #$y=a(x-p)^2+q$, #평행이동, #$y=ax^2+bx+c$, #꼭짓점의 x좌표, #$x=-\frac{b}{2a}$

일차함수에 대해 정리를 마쳤으니, 이번엔 이차함수에 대해서 배울 차례야. 이 부분도 많은 학생들이 어려움을 호소하는 단원이지. 하지만 이차방정식, 삼차, 사차방정식에서 부등식까지 어려운 부분을 헤치고 여기까지 왔으니 이번에도 용기를 내서 도전해 보자. 지금까지 이 책을 읽어 온 친구들이라면 알겠지만, 일차함수를 배우고 일차방정식과의 연관관계를 알아봤으니 이차함수는 당연히 이차방정식과 연결이 되겠지?
이차함수를 그래프로 나타내면 축을 기준으로 좌우가 대칭인 포물선 모양이 된단다. 검은색 펜 말고, 알록달록한 예쁜 펜으로 직접 그래프를 그려가면서 이 단원을 읽으면 재미있을 거야.

이차함수 $y=a(x-p)^2+q$의 그래프

먼저 이차함수란 무엇일까? $y=f(x)$에서 y가 x에 대한 이차식 $y=ax^2+bx+c$($a\neq0$, a, b, c는 상수)로 나타내어질 때, 함수 $y=f(x)$는 이차함수라고 해. 사실 우리는 이미 중학교 3학년 때 이차함수에 대해 배웠단다.

이차함수의 그래프는 축을 기준으로 좌우가 대칭인 포물선 모양이야. 여기서 축은 포물선의 대칭축, 꼭짓점은 포물선과 축이 만나는 점을 의미해. 일차함수와 마찬가지로 이차함수에서도 가장 기본적인 함수, 즉 $y=x^2$과

$y=-x^2$을 알아보면 이차함수에 대해서 감을 잡을 수 있을 거야.

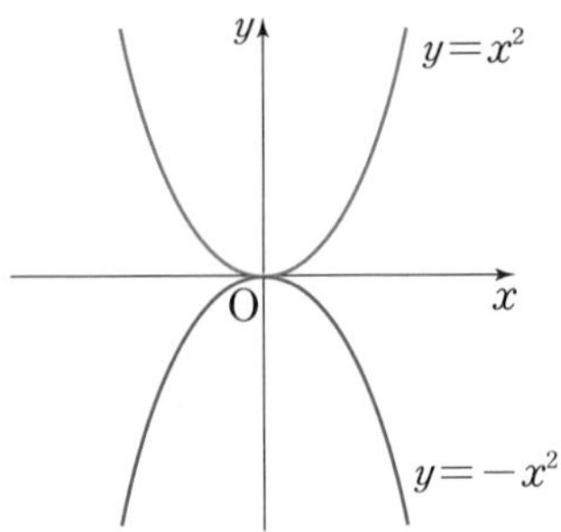

먼저 $y=x^2$의 그래프를 보자. 이 그래프는 $(0,\ 0)$, $(1,\ 1)$, $(2,\ 4)$ 등 $y=x^2$에 대입해서 성립하는 점들을 찍은 뒤에 연결해서 나온 모양이야. 아래로 볼록인 포물선이 되었지? 이 경우에 꼭짓점, 즉 포물선과 축이 만나는 점은 $(0, 0)$으로 원점이고, 포물선의 대칭축인 축은 y축, 즉 $x=0$이란다.

한편 $y=-x^2$의 그래프는 $(0,\ 0)$, $(1,\ -1)$, $(2,\ -4)$등 $y=-x^2$에 대입해서 성립하는 점들을 연결한 그래프인데, 위로 볼록인 포물선이란다. 이 그래프의 꼭짓점은 $(0, 0)$, 즉 원점이고 축은 y축, 즉 $x=0$이야.

이제 본격적으로 이차함수 그래프의 개형을 더 자세히 복습할 건데, $y=ax^2$의 개형부터 표준형이라 불리는 $y=a(x-p)^2+q$의 그래프까지 살펴보자.

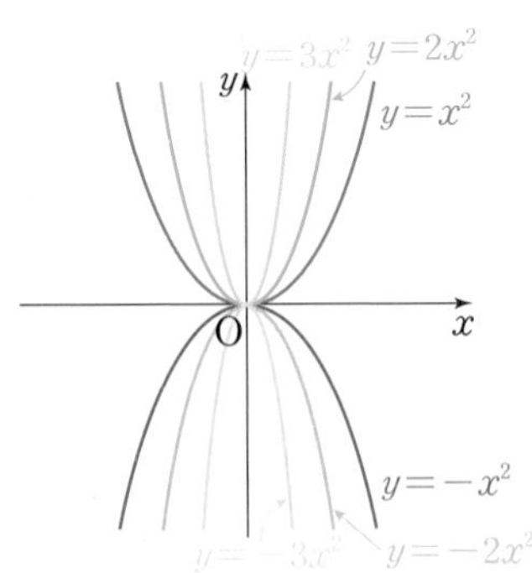

우선 $y=ax^2$의 그래프는 $y=ax$ 그래프를 이해할 때와 비슷하게, a값에 따라 그래프의 폭이 달라진다고 생각하면 된단다. 즉 $y=x^2$ 그래프를 떠올린 뒤에 만약 a가 0보다 크면 아래로 볼록, 0보다 작으면 그것을 뒤집어서 위로 볼록한 그래프가 된다고 생각해. 그 뒤에 $|a|$의 값이 크면 클수록 그래프의 폭이 좁아진다고 이해하면 편리하단다.

지금 그려 본 $y=ax^2$의 그래프 형태를 바탕으로, 이제 조금 변형된 $y=a(x-p)^2+q$ 그래프, 이차함수의 표준형 그래프에 대해 공부해 보자. $y=a(x-p)^2+q$의 그래프는 $y=ax^2$의 그래프를 x축으로 p만큼, y축으로 q만큼 평행이동시킨 그래프를 의미해. 평행이동에 대해서는 앞에서 이미 공부했지? 움직인 만큼 뺀다는 것!

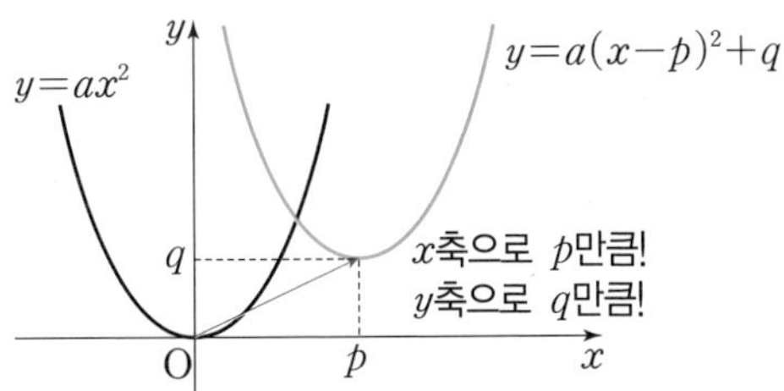

이 그래프가 바로 $y=ax^2$의 그래프를 x축으로 p만큼, y축으로 q만큼 평행이동시킨 그래프야. $y=a(x-p)^2+q$은 꼭짓점과 축의 방정식을 바로 알 수 있기 때문에, 이차함수의 표준형이라 부른단다. 여기서 꼭짓점은 (p, q)이고, 축은 $x=p$인 방정식이라고 보면 돼. 이차함수의 그래프는 꼭짓점의 좌표만 제대로 구하면 쉽게 구할 수 있단다.

예제 

다음 식의 꼭짓점과 축의 방정식을 구해 보자.

1. $y=-(x-2)^2$

⟶

2. $y=-x^2+3$

⟶

3. $y=2(x+1)^2-2$

⟶

4. $y=-3(x+4)^2+1$

⟶

이차함수 $y=ax^2+bx+c$의 그래프

이번엔 이차함수 그래프의 일반형이라 불리는 $y=ax^2+bx+c$의 그래프 개형에 대해 공부해 볼까? 이건 딱 봐도 꼭짓점의 좌표를 바로 알기가 어려워. 이럴 땐 우리가 직접 꼭짓점의 좌표를 구할 수 있도록 식을 잘 변형해 주어야 한단다.

꼭짓점을 알기 위해서는 일반형인 $y=ax^2+bx+c$를 완전제곱식으로 만들어야 해. 이때 만약 x^2의 계수가 1이 아니라면 x^2의 계수로 묶어야 한단다. 단, 상수항은 묶을 필요 없다는 점을 꼭 기억하렴. 이 과정은 x의 계수의 반의 제곱을 더하고 빼면 되는데, 이차방정식 단원에서 근의 공식을 유도할 때에도 유사하게 공부했었어. 또한 실수 조건이 주어진 부정방정식에서도 유사한 아이디어로 문제를 풀었고! 이처럼 수학에서는 단원은 달라도 비슷한 원리와 아이디어가 반복되어 쓰이는 경우가 많단다. 함께 연관지어 알아두면 좋겠지?

$$y=x^2-6x+4$$

가령 이러한 이차함수의 일반형이 있다고 생각해 보자. x^2의 계수는 1이니 다행히 바로 완전제곱식으로 만들 수 있겠어. x의 계수의 반의 제곱은

'축의 방정식'이라고 표현하는 이유는?

일차함수는 직선을 나타내니 일차함수 $y=ax+b$는 '직선의 방정식'이라 하고, 이차함수는 포물선을 나타내니 이차함수 $y=a(x-p)^2+q$는 '포물선의 방정식'이라 불러. 이렇듯 축은 '축의 방정식'이라 흔히 부른다고 생각하면 돼! 생소한 용어라고 해서 어려워할 필요 없단다.

9이니, 이 식은 $y=x^2-6x+9$, 즉 $y=(x-3)^2$이 변형되었다고 볼 수 있겠지?

$$y=x^2-6x+4=x^2-6x+9-9+4=(x-3)^2-5$$

따라서 이 그래프의 꼭짓점은 $(3,\ -5)$이고 축의 방정식은 $x=3$이라는 걸 알 수 있어.

하지만 완전제곱식으로 굳이 고치지 않더라도, 이차함수의 꼭짓점의 좌표를 쉽게 구할 수 있는 방법이 있어. 바로 꼭짓점의 x좌표를 미리 외워두는 방법이야! 약간의 암기가 필요하긴 한데, 그만큼 유용한 공식이야. 뒤에서 배울 이차함수의 최대·최소를 구하는 부분에서도 쓰이는 공식이란다.

$y=ax^2+bx+c$을 완전제곱식으로 고쳐 보면, $y=a\left(x+\frac{b}{2a}\right)^2-\frac{b^2-4ac}{4a}$가 된단다. 굳이 직접 증명해 보지 않아도 되는데, 궁금한 친구들은 한번 스스로 풀어 보렴. 이렇게 완전제곱식으로 식을 고치면, 꼭짓점의 좌표는 $\left(-\frac{b}{2a},\ -\frac{b^2-4ac}{4a}\right)$라는 것을 알 수 있어. 따라서 꼭짓점의 x좌표는 $-\frac{b}{2a}$, 꼭짓점의 y좌표는 $-\frac{b^2-4ac}{4a}$라는 것이지.

수식도 많이 등장하고, 복잡하고 벌써부터 하기 싫어지지? 하지만 전부 다 외울 필요는 없고, 꼭짓점의 x좌표가 $-\frac{b}{2a}$라는 사실 단 하나만 기억하면 된단다. y좌표는 신경 쓸 필요 없어. 왜냐하면 꼭짓점의 x좌표만 알고 있으면, 식에 대입해서 간단한 계산으로 y좌표는 구해낼 수 있거든.

$$y=2x^2+16x+7\text{의 꼭짓점의 }x\text{좌표}=-\frac{b}{2a}=-\frac{16}{2\times2}=-4$$

$$\text{꼭짓점의 }y\text{좌표}=2\times(-4)^2+16\times(-4)+7=32-64+7=-25$$

$$\therefore\ \text{꼭짓점 }(-4,\ -25)$$

어때? 예를 들어 살펴보니 완전 신기하고 간단하지? 이렇게 x^2의 계수가 복잡하거나 큰 수이면 완전제곱식으로 만들려고 애쓰지 말고, 꼭짓점의 x좌표를 외워두고 써먹으면 이차함수의 꼭짓점의 좌표를 쉽게 구할 수 있단다.

예제 

다음 식의 꼭짓점을 구해 보자.

1. $y=-x^2+6x+2$

→

2. $y=x^2-x+1$

→

3. $y=\frac{1}{2}x^2+2x+1$

→

이차함수의 식 완성하기

지금까지는 식이 주어졌을 때 그래프를 그리는 방법에 대해서 공부했어. 이제는 반대로 이차함수의 식을 완성하는 내용을 공부해 볼 거야. 크게 세 가지 유형으로 나누어 생각해 볼 수 있단다. 첫 번째, 이차함수의 꼭짓점의 좌표와 그래프 위의 한 점이 주어졌을 때, 두 번째, x축과 만나는 점과 그래프 위의 한 점이 주어졌을 때, 세 번째, 서로 다른 세 점이 주어졌을 때! 이차함수에서 배웠던 내용을 종합적으로 생각하고 적용하는 능력이 필요하니 지금까지 공부했던 것을 잘 떠올리면서 봐야 해.

유형 1. 이차함수의 꼭짓점의 좌표 (p, q)와
그래프 위의 한 점이 주어졌을 때

① $y=a(x-p)^2+q$라 설정
② 지나는 한 점을 대입해 a값을 구한다.

이 경우에는 아주 간단해. 꼭짓점을 아니까 이차함수의 표준형에 한 점을 대입해서 a의 값을 구하면 된단다.

유형 2. x축과 만나는 점 $(m, 0)$, $(n, 0)$과
그래프 위의 한 점이 주어졌을 때

① $y=a(x-m)(x-n)$
② 지나는 한 점을 대입해 a값을 구한다.

이 경우에도 마찬가지로 지나는 한 점을 대입하면 되는데, 이때 이차함수의 표준형이 아니라 $y=a(x-m)(x-n)$형을 생각해야 해. 왜냐하면 $(m, 0)$, $(n, 0)$이 x축과 만난다는 것은 x절편이 m, n라는 의미이고, $x=m$일 때, $y=0$, $x=n$일 때 $y=0$, 즉 $a(x-m)(x-n)=0$이 된다는 뜻이야.

따라서 이 식은 $a(x-m)(x-n)$으로 인수분해된단다. 그 다음엔 지나는 한 점을 대입해서 a를 구하면 돼.

유형 3. 이차함수 위의 서로 다른 세 점이 주어졌을 때

$y=ax^2+bx+c$에 대입해 식을 3개 만든 뒤, a, b, c를 구한다.

이 경우에는 세 점을 각각 대입한 뒤에 연립방정식을 통해 a, b, c의 값을 구하면 간단하단다. 이 경우에 결과는 당연히 $y=ax^2+bx+c$의 꼴이 되겠지?

이차함수의 그래프와 이차방정식의 실근의 관계

지금까지 이 책을 읽어오면서 느꼈을 테고, 또 여러 번 말했듯이 이차함수는 이차방정식과 연결이 될 수밖에 없어. 따라서 지금 이 부분을 읽으면서 어려움을 느꼈다면 이차방정식 부분을 다시 한 번 읽고 오면 더욱 도움이 될 거야. 또 반대로 이차방정식을 이해할 때 어려웠다면, 이 부분을 먼저 읽어서 그래프를 머릿속에 그린 뒤에 그 그래프를 이리저리 활용하면서 이차방정식을 공부하는 게 도움이 될 거야. 어떤 순서이든 친구들이 내용을 이해하는 데 편한 방식, 즉 수식을 논리적으로 도출하는 것을 통해 이해하는 것과 이미지를 통해 이해하는 것 중 편한 방식으로 공부를 하면 된단다. 책을 꼭 처음부터 읽어야 할 필요는 없어.

자, 이번에는 이차함수의 그래프와 x축이 만나는 점을 구하는 방법을 공부해 볼 거야. 예컨대 이차함수 $y=x^2-2x-3$의 그래프와 x축은 과연 어떤 점에서 만날까? 그리고 그 점은 어떻게 구할까?

맞아, 그래프와 축이 만나는 점을 알기 위해서는 두 식을 연립해서, 연립

방정식의 해를 구하면 돼. 이 과정은 중학교 때 배우기도 했고, 물론 앞에서 복습도 했단다. 또 아까 두 직선이 교차할 때 그 교차점이 연립방정식의 해라는 사실도 익혔지?

그렇다면 이차함수 $y=x^2-2x-3$의 그래프와 x축이 만나는 점은 무엇일까? 여기서는 x축의 다른 이름이 $y=0$이라는 사실을 알아야 해.

$$\begin{cases} y=x^2-2x-3 \\ y=0 \end{cases}$$

$\Rightarrow$ 연립하면, $x^2-2x-3=0$, $(x-3)(x+1)=0$, $x=3$ 또는 -1

$\Rightarrow$ 원래 식에 $x=3$을 대입하면 $y=0$

원래 식에 $x=-1$을 대입하면 $y=0$(사실 대입하나마나 $y=0$)

$\therefore$ $(3, 0)$, $(-1, 0)$: 연립방정식의 해, 이차함수와 x축이 만나는 점

이 값을 그래프로 나타내면 이런 모양이 되겠지?

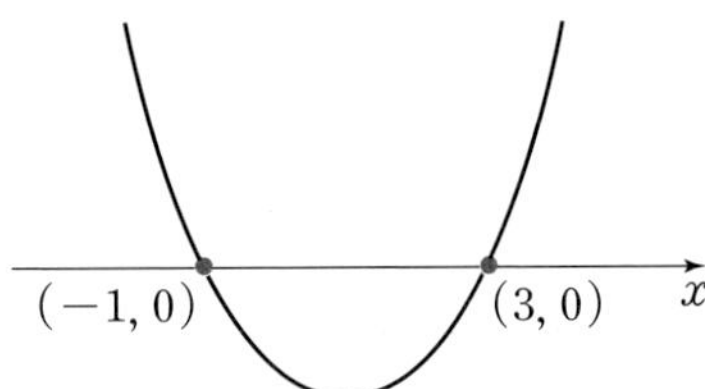

비단 이차함수와 직선의 만나는 점의 좌표를 구할 때뿐만 아니라 앞으로 다른 종류의 도형이 서로 만나는 점의 좌표를 구할 때는 항상 두 도형을 나타내는 함수식을 연립해 연립방정식으로 (x, y)의 값을 구하면 된다는 사실을 반드시 기억하는 것이 좋아. 쉽게 말하면, 두 도형이 만나는 점을 구하고자 할 땐, 함수식을 연립해서 방정식의 해를 구한다! 이 이야기는 '함수와 방정식이 밀접하게 연관되어 있다'는 사실을 확인할 수 있는 매우 중요하고 의미 있는 내용이란다.

그렇다면 이차함수와 x축은 어떤 위치 관계를 가질 수 있을까? 지금부터는 이차함수와 x축이 어떤 위치 관계에 있는지 쉽게 알 수 있는 방법에 대해 공부해 볼 거야.

우선 이차함수와 x축의 위치관계는 다음 세 가지 중에 하나란다. 서로 다른 두 점에서 만나는 경우, 한 점에서 만나는 경우, 만나지 않는 경우가 바로 그 세 가지야. 특히 한 점에서 만나는 경우는 '접한다'고 표현하기도 해.

잘 생각해 보자. 이차함수가 x축이 만나려면 y값이 어떻게 되어야 할까? 방금도 말했듯이 x축의 또다른 이름은 $y=0$이라고 했지? 그러면 y값이 0

이어야 할 거야. 따라서 $y=ax^2+bx+c$라는 함수가 x축과 만나는 점은 y가 0, 즉 $0=ax^2+bx+c$을 만족하는 x의 값이 x좌표가 될 거야. 이걸 조금 더 보기 쉽게 정리하면 $ax^2+bx+c=0$, 어디서 많이 본 식이지 않니?

맞아, 바로 이차방정식에서 많이 봤던 식이야. 결국 이차방정식 $ax^2+bx+c=0$의 근, 즉 식을 만족하는 x의 값은 $y=ax^2+bx+c$ 함수가 x축과 만나는 점이라고 할 수 있지? 즉 이차함수가 x축과 서로 다른 두 점에서 만난다는 것은 근이 2개, 즉 근이 서로 다른 두 실근일 때와 같고, 한 점에서 만난다는 것은 근이 하나, 한 실근(중근), 만나지 않는다는 것은 서로 다른 두 허근일 때라는 의미야. 이차방정식에서 배웠지만, 이차방정식의 해를 직접 구하지 않고 판별식 D로 개수 정도는 알 수 있었던 것 기억나니? 따라서 판별식을 이용하면 직접 이차방정식의 해를 구하지 않고도,

용어 정리

이차함수와 x축의 위치 관계

① 서로 다른 두 점에서 만난다 $\Leftrightarrow$ $ax^2+bx+c=0$의 해가 서로 다른 두 실근이다.
$\Leftrightarrow$ $ax^2+bx+c=0$의 판별식 D가 0보다 크다.

② 한 점에서 만난다(접한다) $\Leftrightarrow$ $ax^2+bx+c=0$의 해가 한 실근(중근)이다.
$\Leftrightarrow$ $ax^2+bx+c=0$의 판별식 D가 0이다.

③ 만나지 않는다 $\Leftrightarrow$ $ax^2+bx+c=0$의 해가 서로 다른 두 허근이다.
$\Leftrightarrow$ $ax^2+bx+c=0$의 판별식 D가 0보다 작다.

이차함수와 직선의 위치 관계

① 서로 다른 두 점에서 만난다 $\Leftrightarrow$ $ax^2+(b-m)x+(c-n)=0$의 해가 서로 다른 두 실근이다 $\Leftrightarrow$ $ax^2+(b-m)x+(c-n)=0$의 판별식 D가 0보다 크다.

② 한 점에서 만난다(접한다) $\Leftrightarrow$ $ax^2+(b-m)x+(c-n)=0$의 해가 한 실근(중근)이다 $\Leftrightarrow$ $ax^2+(b-m)x+(c-n)=0$의 판별식 D가 0이다.

③ 만나지 않는다 $\Leftrightarrow$ $ax^2+(b-m)x+(c-n)=0$의 해가 서로 다른 두 허근이다 $\Leftrightarrow$ $ax^2+(b-m)x+(c-n)=0$의 판별식 D가 0보다 작다.

몇 개의 점에서 이차함수와 x축이 만나는지를 쉽게 알 수 있어! 판별식 D가 0보다 크면 두 점에서 만나고, 0이면 한 점, 0보다 작으면 만나지 않는단다.

자, 그렇다면 여기서 더 발전해서 이차함수 그래프와 x축이 아닌 직선이 만나는 점의 값도 구할 수 있을까? 그리고 이차함수 그래프와 직선의 위치 관계가 어떻게 되는지도 알 수 있을까? 예를 들어 이차함수 $y=x^2-2x-3$의 그래프와 직선 $y=-x-1$은 과연 어떤 점에서 만날까? 또 그 점은 어떻게 구해야 할까?

정답은 바로 '알 수 있다'야. 이차함수와 x축의 만나는 점을 구할 때 두 식을 연립해서 연립방정식의 해를 구하면 되는 것처럼 이차함수의 그래프와 직선이 만나는 점을 구하는 방법도 똑같단다. 즉 이차함수와 직선을 나타내는 식을 연립해서 연립방정식의 해를 구하면 돼!

이차함수 $y=x^2-2x-3$의 그래프와 직선 $y=-x-1$이 만나는 점

이 경우에는 먼저 $y=x^2-2x-3$와 $y=-x-1$를 연립방정식으로 풀고, 그 값을 대입해 y값을 구하면 된단다.

$$\begin{cases} y=x^2-2x-3 \\ y=-x-1 \end{cases}$$

$\Rightarrow$ 연립하면, $x^2-2x-3=-x-1$, $x^2-x-2=0$

$(x-2)(x+1)=0$, $x=2$ 또는 -1

$\Rightarrow$ 원래 식 $y=-x-1$에 $x=2$를 대입하면 $y=-3$

원래 식 $y=-x-1$에 $x=-1$을 대입하면 $y=0$

$\therefore$ $(2, -3)$, $(-1, 0)$: 연립방정식의 해, 이차함수와 직선이 만나는 점

이 결과를 그래프로 나타내면 이런 모양이 된단다.

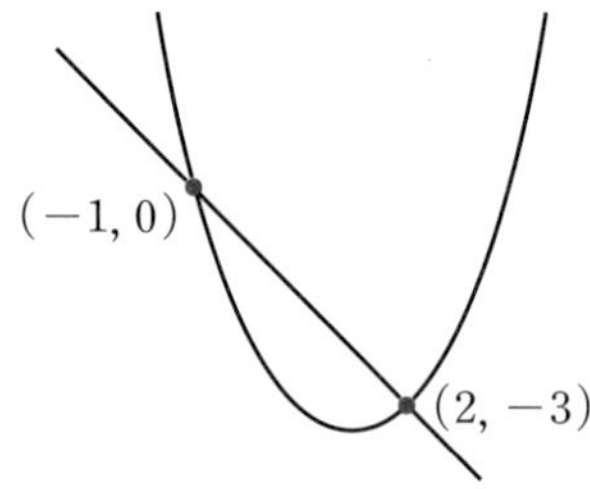

이렇게 두 도형이 서로 만나는 점의 좌표를 구할 때에는 항상 두 도형을 나타내는 함수식을 연립해서 연립방정식을 풀어 (x, y)의 값을 구해 주면 만나는 점이 나온다는 사실! 역시, 함수와 방정식은 떼려야 뗄 수 없는 관계지? 이 내용은 교육 과정에서도 매우 중요하게 다루니 꼭 기억해야 해.

이차함수와 직선이 어떤 위치 관계에 있는지 쉽게 알 수 있는 방법도 감이 오지? 우선 이차함수와 직선의 위치관계를 살펴보면, 이차함수와 x축의 위치관계에서 확인한 것과 유사하게 다음 세 가지 중에 하나란다. 서로 다른 두 점에서 만나는 경우, 한 점에서 만나는 경우, 만나지 않는 경우. 특히 한 점에서 만나는 경우는 '접한다'고 표현하기도 해. 사실 x축도 특수한 하나의 직선이라고 볼 수 있으니, 판별식 D를 이용해 위치관계를 파악하는 원리는 똑같아. 다만 주의해야 할 점이 하나 있어. y축과 이차함수 그래프의 위치관계를 살펴볼 때는 어차피 y값이 0이었으니 ax^2+bx+c의 판별식을 이용하면 됐지만, 이번에는 y값이 $mx+n$이기 때문에, y의 자리에 이 식을 넣어서 $mx+n=ax^2+bx+c$, 정리하면 $ax^2+(b-m)x+(c-n)=0$의 판별식으로 위치관계를 구분해야 한단다.

다시 한 번 강조하지만, 판별식 D를 이용하는 방법은 만나는 점의 정확한 값을 직접 구하는 것이 아니라 몇 개의 점에서 만나는지 위치 관계만 알고 싶을 때 사용하는 방법이야. 정확한 값을 알고 싶다면 직접 해를 구해야 해.

예제 

1. 이차함수 $y=x^2-5x-6$의 그래프와 x축이 만나는 점

→

2. 이차함수 $y=4x^2-4x+1$의 그래프와 x축이 만나는 점

→

3. 이차함수 $y=x^2-5x+4$의 그래프와 $y=-3x+3$축이 만나는 점

→

4. 이차함수 $y=9x^2-4x+1$의 그래프와 $y=2x$축이 만나는 점

→

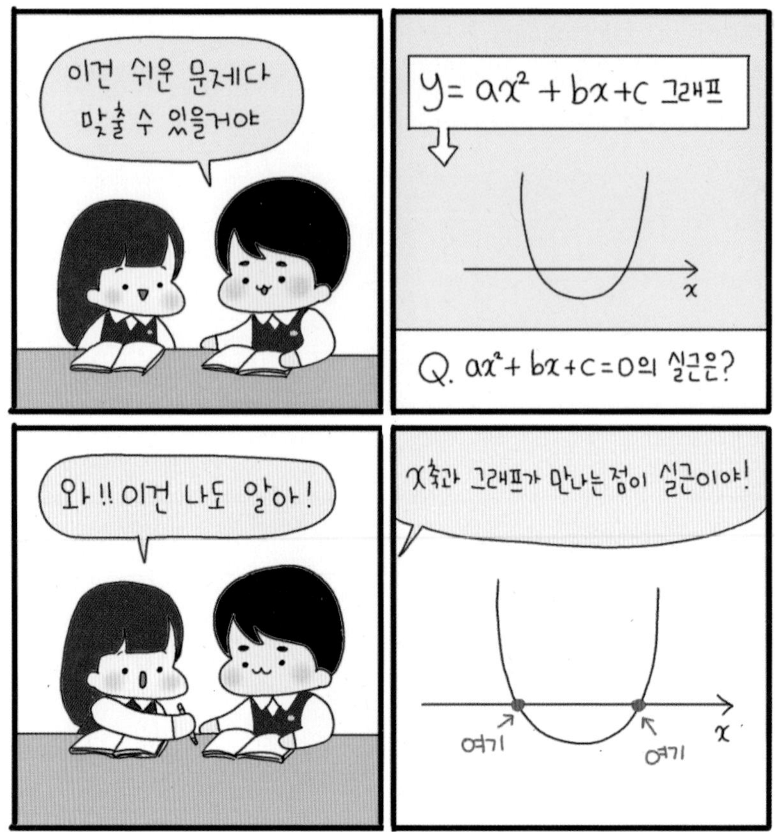

이차함수의 최대·최소

이차함수의 최대·최소를 구하는 내용 역시 수학에서 매우 중요한 소재란다. 제한 구역이 없는 경우 이차함수의 최대·최소를 구하는 내용은 중학교 3학년 때 이미 배웠지만, 고등학교에 와서 제한 구역이 있는 경우까지 확장해서 공부하니 복습과 함께 잘 따라와야 해.

본격적으로 시작하기 전에, 먼저 이차함수의 최대값과 최소값을 구하기 위해 알아두어야 할 사항 하나를 알려줄게. 보통 x에서 y로 가는 이차함수에서 최댓값과 최솟값은 y의 값을 의미해. 그 외에도 함숫값, 극댓값, 극솟값 등 각종 수학에서 '값'으로 끝나는 것들은 모두 y의 값을 가리킨단다.

그럼 먼저 앞서 배운 $y=x^2$과 $y=-x^2$ 그래프를 한번 다시 떠올려 보자.

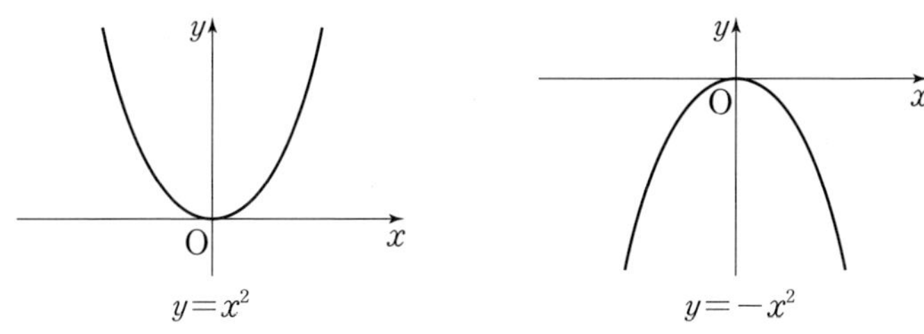

$y=x^2$ $y=-x^2$

먼저 왼쪽의 $y=x^2$ 그래프에서 가장 작은 값, 즉 최솟값은 무엇일까? 그래프에서 가장 아래 부분의 y값을 찾으면 되니 답은 0이지? 그럼 최댓값은? 한없이 올라가는 그래프니까 이 그래프에서 최댓값은 없어.

반면 오른쪽의 $y=-x^2$의 그래프를 보자. 여기서 최솟값은 무엇일까? 이 그래프는 한없이 내려가는 그래프이니까 최솟값이 없어. 반면 최댓값은 그래프에서 가장 볼록한 지점의 y값, 즉 0이야.

이 원칙을 종합해 보면, 이차함수 $y=a(x-p)^2+q$에서 최댓값과 최솟값은 다음과 같이 정리해 볼 수 있어.

$a>0$인 경우, 최댓값은 없다. 최솟값은 q ($x=p$일 때)

$a<0$인 경우, 최솟값은 없다. 최댓값은 q ($x=p$일 때)

범위가 제한되지 않은 함수의 최대·최솟값을 구할 때에는 그래프를 아주 정확하게 그릴 필요까진 없어. 개형만 그리고 꼭짓점만 표시하는 정도면 충분하단다. 왜냐고? 꼭짓점의 y좌표가 곧 최댓값 또는 최솟값이 될 테니까!

이번엔 이차함수 $y=ax^2+bx+c$ 꼴에서 최댓값과 최솟값을 구하는 연습을 해 보자. 이 경우엔 꼭짓점의 좌표를 바로 알 수가 없으니, 완전제곱식으로 변형하거나 꼭짓점의 좌표를 구하는 공식 $-\frac{b}{2a}$을 이용해야 한단다. 그 다음엔 마찬가지로 $a>0$인 경우 최댓값은 없고, $a<0$인 경우 최솟값은 없다는 점을 잘 생각하면서 답하면 돼.

이번엔 x에 제한 구역이 있을 때, 이차함수의 최댓값과 최솟값을 구하는 방법을 알아보자. 이를테면 $1\leq x\leq 4$에서 $y=(x-2)^2-1$ 의 최대·최소를 구하는 문제는 어떻게 풀어야 할까?

이렇게 제한 구역이 정해져 있는 경우는 반드시 그래프를 그려 보면서 구해야 판단이 쉽단다. 또 x의 범위에 따라 몇 가지 유형으로 나눌 수 있어. 꼭짓점의 x좌표가 제한 구역 안에 포함되는 경우, 꼭짓점의 x좌표가 제한 구역의 경계에 포함되는 경우, 꼭짓점의 x좌표가 제한 구역 안에 포함되지 않는 경우가 그 유형이란다.

유형 1. 꼭짓점의 x좌표가 제한 구역 안에 포함되는 경우

$$y=(x-2)^2-1(1\leq x\leq 4)$$

이런 경우에는 일단 그래프가 위로 볼록한 그래프인지 아래로 볼록한 그래프인지 생각해 보아야 해. 이 그래프는 a가 양수이니 아래로 볼록한 그래프이지? 제한 구역이 없을 때는 아래로 볼록한 그래프의 최댓값은 없지만, 여기에서는 x의 값이 1부터 4로 제한되어 있으니, 최댓값도 존재한단다. 우선 아래로 볼록한 그래프의 최솟값은 꼭짓점의 y좌표인데, 여기서 꼭짓점의 좌표는 $(2, 1)$이야. 또 꼭짓점의 x의 값이 제한 구역 내에 포함되어 있으니 최솟값은 1이야. 다음으로 최댓값은 함수에 $x=1$과 $x=4$를 대입해 y값을 구해 더 큰 값으로 정하면 돼. $x=1$일 때 $y=0$, $x=4$일 때 $y=3$이므로 최대값은 3이 되겠지.

유형 2. 꼭짓점의 x좌표가 제한 구역의 경계에 있는 경우

$$y=(x-2)^2-1(2\leq x\leq 4)$$

이 경우에도 마찬가지로 아래로 볼록한 그래프야. 이 그래프의 꼭짓점은 $(2, 1)$인데, 여기에서 2가 제한 구역의 경계에 있어. 이런 경우 역시 꼭짓점의 x값이 제한 구역 내에 포함되어 있으니 최솟값은 1이야. 또 최댓값은 나머지 경계인 $x=4$를 대입한 3이란다. 즉 이때는 제한 구역 내에서 가장 큰 값과 가장 작은 값으로 최댓값과 최솟값을 판단하면 된단다.

유형 3. 꼭짓점의 x좌표가 제한 구역 안에 포함되지 않는 경우

$$y=(x-2)^2-1(0\leq x\leq 1)$$

역시 이 그래프는 아래로 볼록한 그래프이고 꼭짓점은 $(2, 1)$이야. 이 경우 꼭짓점의 x좌표가 제한 구역 내에 있지 않지? 이런 경우에는 어떻게 할까? 이 유형에서는 꼭짓점의 x좌표가 제한 구역 안에 포함되지 않기 때문에 꼭짓점에서 더 이상 최댓값 또는 최솟값을 갖지 않아. 따라서 경계에서 최솟값과 최댓값을 갖게 돼. 최솟값은 범위에서 가장 큰 수인 1을 대입한 0이고, 최댓값은 $x=0$을 대입한 3이란다. 즉, 경계인 $x=0$, 1을 대입했을 때 큰 값을 최댓값으로, 작은 값을 최솟값으로 선택하면 돼.

제한 구역이 있는 이차함수의 최대·최소 구하기는 그래프를 그려가면서 제한 구역을 표시해 판단해 주면 되는 문제야. 물론 이때 그래프는 x축, y축까지 꼼꼼하게 그릴 필요는 없고, 대략적인 개형만 잡아 x의 범위와 꼭짓점만 잘 표시하면 된단다.

이차부등식과 이차함수

이차방정식과 이차함수가 밀접하게 연관되어 있다는 사실은 이제 잘 알겠지? 그렇다면 이차부등식과 이차함수는 어떻게 연관이 될지 궁금하지 않니?

당연히 이차부등식도 이차함수와 연관이 있어. 이차부등식의 해는 이차방정식과 마찬가지로 이차함수에서 x의 값을 의미한단다. 이때 이차방정식과 다른 점이 있다면, 해가 어떤 특정한 점이 아니라 그래프의 부분을 일컫는다고 보면 돼. 어찌 보면 당연한 이야기야. 이차부등식은 부등호로 연결되어 있으니 값이 범위라고 이미 배웠거든.

이차함수를 이용해 이차부등식을 풀 때는 우변을 0으로 남기고 좌변을 정리하면 된단다. 이차함수와 x축의 위치관계를 배울 때 우변을 0, 즉 y값을 0으로 만들어 x축과 어떤 위치관계를 가지는지 판별했지? 마찬가지로

예제 

다음 이차함수의 최댓값과 최솟값을 구해 보자.

1. $y=x^2-4x+1(0\leq x\leq 3)$

→

2. $y=x^2-2x-3(2\leq x\leq 3)$

→

우변이 0인 이차부등식에서 좌변의 식의 해는 x축과 만나는 지점의 x좌표를 뜻하고 부등호의 방향, 즉 좌변이 0보다 작은지 또는 큰지에 따라 그래프의 x축 아래 부분 혹은 윗부분이 이차부등식의 해(범위)라는 것을 알 수 있단다.

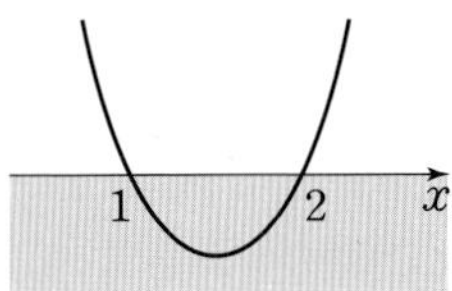

① 이차함수 $y=(x-1)(x-2)$와 $y=0$(x축)의 위치 관계를 비교했을 때, $(x-1)(x-2)<0$이므로, x축 아래에 그려진 이차함수 부분을 의미

$$\therefore\ 1<x<2$$

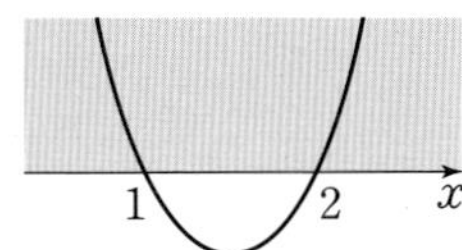

② 이차함수 $y=(x-1)(x-2)$와 $y=0$(x축)의 위치 관계를 비교했을 때, $(x-1)(x-2)>0$이므로, x축 위에 그려진 이차함수 부분을 의미

$$\therefore\ x>1 \text{ 또는 } x<2$$

특수한 경우의 이차부등식의 해와 이차함수

아까 이차함수와 직선의 위치 관계를 파악하는 방법에서 판별식 D를 이용했던 것 기억하니? 판별식 D가 0보다 크면 두 점이 만나고, D가 0이면 한 점, D가 0보다 작으면 만나지 않는다고 했었어. 이차부등식의 해를 구

할 때, 이 원리를 활용하면 더욱 쉽게 문제를 풀 수 있단다.

먼저 D가 0보다 큰 경우, 즉 두 점이 만나는 경우는 방금 배웠지? 그럼 판별식 D가 0인 경우는 어떨까? 이 유형에서 꼭짓점의 x값은 좌변을 이차방정식이라고 봤을 때의 해야. 이걸 토대로 그래프를 그린 다음, 부등식이 0보다 크면 x축 윗부분을 뜻한다고 했으니 해는 꼭짓점의 x값을 제외한 모든 실수, 0보다 작으면 x축의 아랫부분을 뜻한다고 했으니 해는 없어. 나아가 이차부등식이 0보다 크거나 같을 때는 그냥 모든 실수이고, 0보다 작거나 같을 때는 꼭짓점의 x값만 답이라고 보면 된단다.

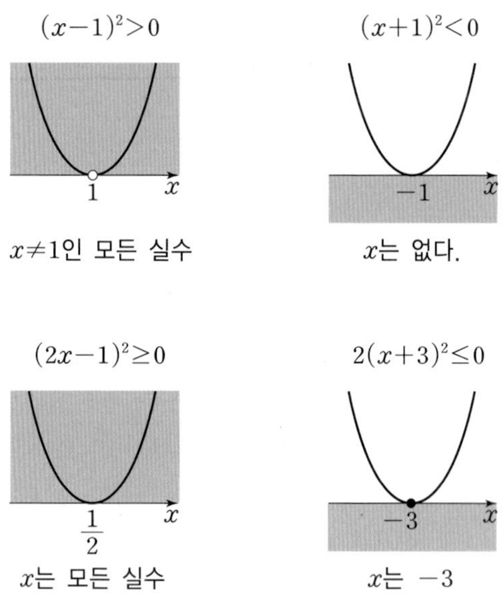

이때 기억해야 할 점이 있어. 완전제곱식은 판별식 D가 0이었던 것 기억하니? 따라서 $(x+a)^2$의 꼴이 아니더라도, 판별식이 D이면 이 유형이라고 보면 된단다.

그러면 이번엔 다른 유형을 살펴볼까? $x^2+x+1>0$, $2x^2-x+1<0$, $x^2-3x+5\geq 0$, $x^2+2x+4\leq 0$처럼 판별식 D를 구했을 때, $D<0$을 만

족하는 경우에 해당되는 유형이야.

허수끼리는 대소 비교를 할 수 없기 때문에 부등식의 해를 따지기가 어렵다는 사실 기억나니? 따라서 판별식 D가 0보다 작다는 것은 근이 허수라는 뜻인 동시에 앞서 이차함수와 x축의 위치관계를 살펴봤을 때 두 그래프가 만나지 않는다는 뜻이기도 해. 따라서 부등식이 주어졌는데 판별식 D를 계산해 보니 0보다 작다면 그 부등식의 해의 범위를 명확하게 구하기 힘들다고 생각하고, 그래프도 x축 위에 동동 떠 있다고 생각해야 해.

이런 경우에는 답이 두 가지로 나뉠 수 있어. 바로 해가 아예 없거나 해가 모든 실수인 경우. 아까 좌변이 0보다 크면 x축의 윗부분, 좌변이 0보다 작으면 x축의 아랫부분을 범위로 생각하면 된다고 했지? x축 위에 그래프가 동동 떠 있으니 좌변이 0보다 크면 모든 실수, 좌변이 0보다 작으면 해는 없단다.

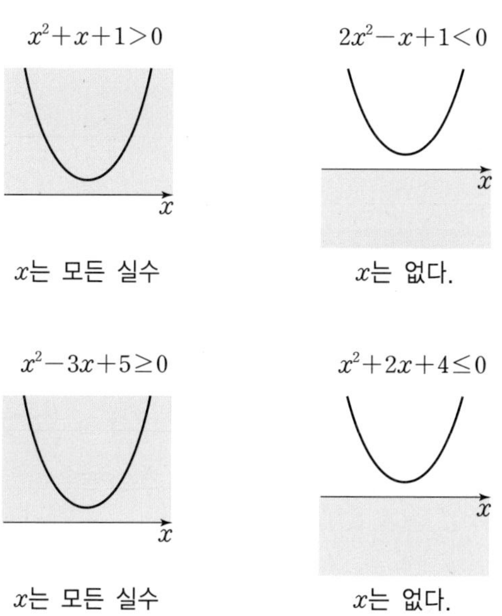

또한 이때 같이 알아두면 좋은 게 있어. 좌변이 ax^2+bx+c인 부등식에서, a가 0보다 크면 아래로 볼록한 그래프였지? 이렇게 좌변이 0보다 크고, 판별식 D가 0보다 작으면 모든 실수가 답이니 '항상 성립하는 부등식'이 돼. 또한 반대로 위로 볼록하면서 x축의 아래 부분으로 동동 떠 있는 그래프, 즉 a가 0보다 작고 판별식 D도 0보다 작고, 좌변마저 0보다 작은 경우에도 해는 모든 실수가 되니 이것도 항상 성립하는 부등식이란다.

이차부등식이 항상 성립할 조건

모든 실수 x에 대해 $ax^2+bx+c>0(a\neq0)$이 되려면, $a>0$, 판별식 $D<0$
모든 실수 x에 대해 $ax^2+bx+c\geq0(a\neq0)$이 되려면, $a>0$, 판별식 $D\leq0$
모든 실수 x에 대해 $ax^2+bx+c<0(a\neq0)$이 되려면, $a<0$, 판별식 $D<0$
모든 실수 x에 대해 $ax^2+bx+c\leq0(a\neq0)$이 되려면, $a<0$, 판별식 $D\leq0$

05 유리함수와 무리함수

#유리함수, #분수함수, #점근선, #$y=\frac{k}{x}$, #$y=\frac{k}{x-p}$, #$y=\frac{ax+b}{cx+d}$, #나머지정리

다시 앞으로 돌아가서, 유리식의 계산에 대해 배웠던 것 기억나니? 이제 유리함수와 무리함수에 대해서 배울 건데, 유리식의 계산과 무리식의 계산에서 익혔던 내용이 많이 필요할 거야. 이 책의 마지막 장이 될 테니, 마지막까지 조금만 힘내서 공부해 볼까? 여기까지 따라와 준 나 자신에게 박수를 치면서 말이야!

유리함수

$y=f(x)$에서 y가 x에 대한 유리식으로 나타내어질 때, 함수 $y=f(x)$는 유리함수라고 해. 유리식이 다항식과 분수식을 포함하는 개념인 것과 마찬가지로, 유리함수는 다항함수와 분수함수를 포함하는 개념이란다. 여기서 다항함수는 $y=x^2+1$, $y=-x+3$과 같이 다항식으로 정의된 함수를 뜻하고, 분수함수는 $y=\frac{1}{x-2}$, $y=\frac{x+1}{x-1}$와 같이 분수식으로 정의된 함수를 의미해.

유리함수는 정의역이 따로 주어지지 않은 경우, 분모$=0$으로 하는 x를 제외한 실수 전체가 정의역이 된단다. 이때 정의역, 공역, 치역은 모두 집합을 의미하기 때문에, $y=\frac{1}{x-2}$의 정의역을 이야기할 때에는 $\{x|x\neq2$인 실수 전체$\}$라고 집합 기호를 이용해 표현하는 게 일반적이야. 그렇다면, $y=\frac{x+1}{x-1}$ 정의역은 $\{x|x\neq1$인 실수 전체$\}$라고 표현할 수 있겠지?

이전에 함수를 배웠을 때와 마찬가지로, 유리함수에서도 가장 기본적인 그래프가 있어. 바로 $y=\frac{1}{x}$와 $y=-\frac{1}{x}$의 그래프인데, 이 그래프를 좌표평면에 그리면 이렇단다.

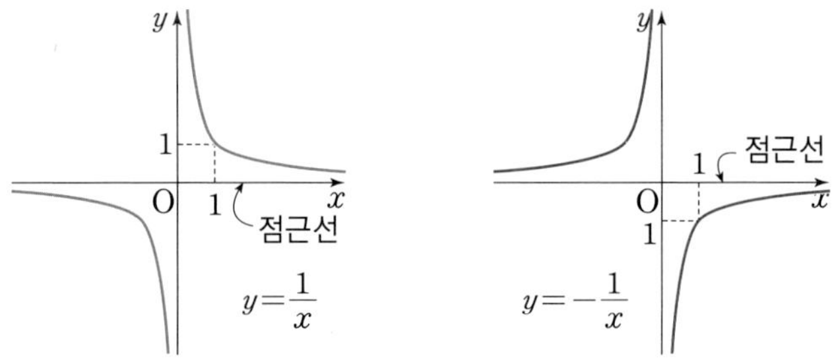

먼저 왼쪽의 $y=\frac{1}{x}$의 그래프는 $(0, 0)$, $(1, 1)$, $\left(2, \frac{1}{2}\right)$, $(-1, -1)$와 같이 $y=\frac{1}{x}$에 대입해서 성립하는 점들을 연결했을 때 나온 그래프란다. 이 그래프는 제 1, 3사분면을 지나는 쌍곡선이고, 정의역과 치역은 0이 아닌 실수 전체야. 또한 이 그래프는 원점 $(0, 0)$과 직선 $y=x$, $y=-x$에 대칭하고, 점근선, 즉 곡선이 점점 가까이 다가가지만 만나지는 않는 선은 $x=0$(y축), $y=0$(x축)이라고 할 수 있어.

반면 오른쪽의 $y=-\frac{1}{x}$의 그래프는 $(0, 0)$, $(1, -1)$, $\left(2, -\frac{1}{2}\right)$, $(-1,$

$-1)$와 같이 $y=-\frac{1}{x}$에 대입해서 성립하는 점을 연결했을 때 나온 제2, 4 사분면을 지나는 쌍곡선이야. 이 경우에도 마찬가지로 정의역과 치역은 0이 아닌 실수 전체이고, 원점 $(0, 0)$과 직선 $y=x$, $y=-x$에 대칭이며 점근선은 $x=0$(y축), $y=0$(x축)이란다.

$y=\frac{1}{x}$의 그래프와 $y=-\frac{1}{x}$의 그래프에 대해 살펴보면서 유리함수에 대해 감을 잡았을 거야. 이제 본격적으로 유리함수 그래프의 개형을 좀 더 자세히 공부해 볼 텐데, $y=\frac{k}{x}(k\neq0)$의 개형부터 표준형이라 불리는 $y=\frac{k}{x-p}(k\neq0)$의 그래프까지 살펴보자.

우선 $y=\frac{k}{x}$의 그래프는 $y=\frac{1}{x}$와 $y=-\frac{1}{x}$의 그래프를 떠올리면 쉽게 이해할 수 있단다. 모든 성질은 $y=\frac{1}{x}$와 $y=-\frac{1}{x}$의 그래프와 같지만 k의 값에 따라 원점에서 가까운지, 멀어지는지가 정해져.

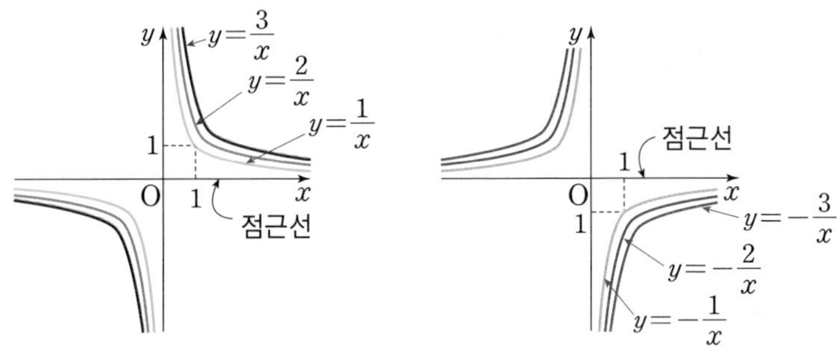

위 그림처럼 k가 0보다 큰 경우에는 $y=\frac{1}{x}$의 그래프가 $|k|$만큼 원점에서 멀어지고, k가 0보다 작은 경우에는 $y=-\frac{1}{x}$의 그래프가 $|k|$만큼 원점에서 멀어진단다.

지금 그려 본 $y=\frac{k}{x}$의 그래프 형태를 바탕으로, 이제 조금 변형된 유리함수의 표준형 그래프인 $y=\frac{k}{x-p}+q$ 그래프에 대해 공부해 보자. $y=\frac{k}{x-p}+q$의 그래프는 $y=\frac{k}{x}$의 그래프를 x축으로 p만큼, y축으로 q만큼 평행이동시킨 그래프를 의미해. 평행이동에 대해서는 앞에서 확인했으니 잘 떠올리면서 적용하면 된단다.

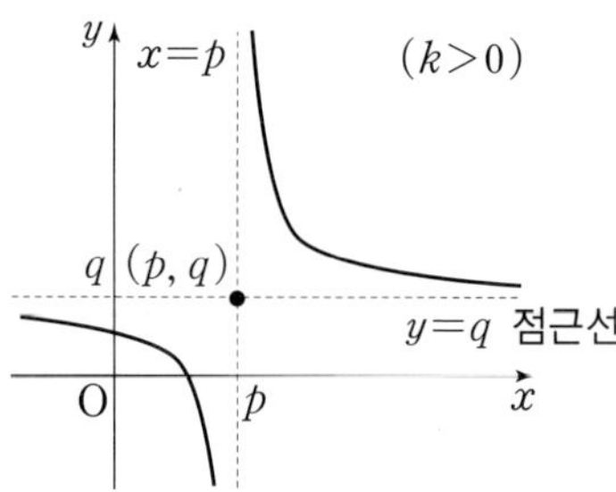

이 그래프는 점근선을 바로 알 수 있기 때문에 이차함수의 표준형이라 불러. 이 그래프는 정의역은 $x\neq p$인 실수 전체이고 치역은 $y\neq q$가 아닌 실수 전체란다. 또한 이 그래프는 점 (p, q)에 대칭이고 점근선은 $x=p$, $y=q$야.

그림을 보니 유리함수의 그래프를 그리기 위해서는 점근선이 꼭 필요하다는 사실이 보이니? 점근선을 따라서 대칭인 쌍곡선을 그리면 쉽게 유리함수의 그래프를 그릴 수 있어.

$y=\frac{ax+b}{cx+d}(x\neq 0,\ ad-bc\neq 0)$의 그래프

유리함수의 그래프는 점근선의 방정식만 제대로 구하면 쉽게 그릴 수 있어. 그렇다면 이번엔 유리함수 그래프의 일반형이라 불리는 $y=\frac{ax+b}{cx+d}$의 그래프 개형에 대해 공부해 보자. 이건 딱 봐도 점근선의 방정식을 바로 알기가 어려워. 이럴 때는 우리가 직접 점근선의 방정식을 구할 수 있도록 식을 잘 변형해야 한단다.

$y=\frac{ax+b}{cx+d}$의 점근선의 방정식을 구하기 위해서 어떻게 해야 할까? 이 함수를 유리함수의 표준형 $y=\frac{k}{x-p}+q$의 꼴로 바꿔서 생각하면 돼. 그렇게 바꾸는 방법은 두 가지가 있는데, 하나는 직접 나누는 것과 나머지 하나는 나머지 정리를 이용하는 거란다.

$$x=\frac{2x+1}{x-1}$$

이 식을 한번 보렴. 이 식을 $y=\frac{k}{x-p}+q$의 꼴로 고치려면 어떻게 해야 할까? 맞아. 일단 분자에 x가 있으니 이걸 없애서 분자의 차수를 줄여야겠지? 따라서 분자를 분모로 나누어야 해. 직접 한 번 나눠볼까?

$$\begin{array}{r|l} & 2 \text{ (몫)} \\ \hline x-1 & 2x+1 \\ & 2x-2 \\ \hline & 3 \text{ (나머지)} \end{array}$$

몫이 2이고 나머지가 3이 나왔지? 따라서 이 식은 $y=2(\text{몫})+\frac{3(\text{나머지})}{x-1}$로 바꿀 수 있어. 점근선의 방정식은 $x=p$, $y=q$이니까 $x=1$, $y=2$가 나왔어.

그럼 같은 함수를 나머지정리를 이용해 표준형으로 바꿔 볼까? 나머지정리는 앞에서 배웠듯이 어떤 식을 $(x-a)$ 형식의 식으로 나눴을 때, $(x-a)=0$ 만족하는 x의 값을 나눠지는 식에 대입하면 나머지가 나와. 따라서 이 식에서는 $x=1$을 $2x+1$에 대입해서 나머지가 3임을 알 수 있겠지? 또한 일차식을 일차식으로 나누는 것이니, 몫은 일차항끼리만 나누어서 계수를 바로 구하면 될 거야.

$$y=\frac{2x+1}{x-1}=2+\frac{3}{x-1}$$

$$2=\frac{2}{1}$$

나머지 : 나머지 정리로 구해

x의 일차항의 계수의 비로 몫 2를 구해

같은 결과가 나왔다는 사실이 보이니? 이 부분은 워낙 많이 나오는 내용이라, 연습을 많이 해서 익숙하게 해 둘 필요가 있단다.

예제 

주어진 유리함수의 점근선을 구해 보자.

1. $y=\frac{3x-1}{x+2}$

→

2. $y=\frac{-x+4}{x-3}$

→

3. $y=\frac{-2x}{x-1}$

→

무리함수

유리함수에 대해 배웠으니 이번에는 무리함수를 배울 차례야. $y=f(x)$에서 y가 x에 대한 무리식으로 나타내어질 때, 함수 $y=f(x)$는 무리함수라고 해. 무리함수는 $y=\sqrt{x}$, $y=-\sqrt{x-2}$, $y=-\sqrt{x^2+1}$ 같은 함수가 있단다.

여기에서 주의해야 할 점이 있어. 무리수가 식에 있다고 모두 무리함수는 아니야. 예를 들어 $y=\sqrt{2}x$는 상수가 무리수이지? 이런 경우에는 무리함수가 아니야. 변수, 즉 x에 $\sqrt{\ }$ 기호가 포함되어야 무리함수란다. 또한 무리함수는 정의역이 따로 주어지지 않았다면, 근호 안의 식의 값이 0 이상이 되도록 하는 x가 정의역이야. 치역은 함수마다 각각 다르니 이건 따로 살펴보면 되고. 앞에서 무리식의 계산에 대해 배웠지? 무리식의 계산은 무리함수를 계산할 때 쓰일 수 있으니 잘 복습해 두어야 해.

이제 무리함수의 그래프를 그려 보도록 할 거야. 무리함수도 가장 기본이 되는 형태가 있단다. 바로, $y=\sqrt{x}$, $y=-\sqrt{x}$, $y=\sqrt{-x}$, $y=-\sqrt{-x}$ 이 네 가지 그래프인데, 사실 이 네 가지 그래프만 제대로 그릴 줄 알면 나머지 변형된 형태의 그래프는 평행이동을 이용해 매우 쉽게 그릴 수 있기 때문에, 기본형 네 가지를 확실하게 알아두고 가야 해.

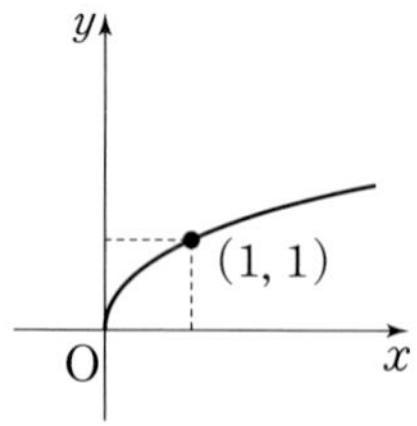

먼저 $y=\sqrt{x}$의 그래프를 살펴볼까? 이 그래프는 (0, 0), (1, 1), (4, 2) 같이 $y=\sqrt{x}$에 대입해서 성립하는 점들을 연결하면 된단다. 이 그래프의 시

작점은 $(0, 0)$이고, 정의역은 $\{x|x\geq 0$인 실수$\}$, 치역 $\{y|y\geq 0$인 실수$\}$라는 점을 알 수 있어.

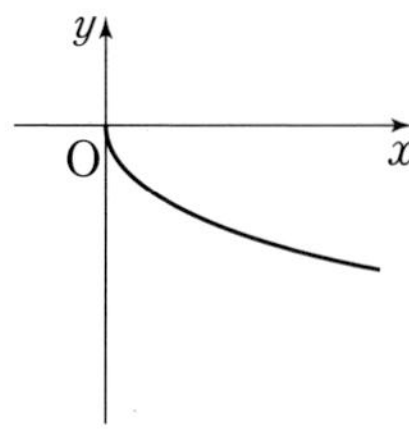

위에서 살펴본 $y=\sqrt{x}$의 그래프와 x축 대칭인 $y=-\sqrt{x}$의 그래프를 살펴보자. $y=-\sqrt{x} \iff -y=\sqrt{x}$이므로, $y=\sqrt{x}$에서 y에 $-$를 붙인 꼴이야. 이 그래프의 정의역은 $\{x|x\geq 0$인 실수$\}$, 치역은 $\{y|y\leq 0$인 실수$\}$란다.

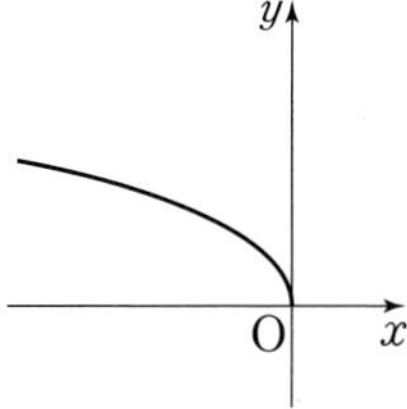

한편 이 그래프는 $y=\sqrt{-x}$의 그래프야. $y=\sqrt{x}$에서 x에 $-$를 붙인 꼴이지? 즉, $y=\sqrt{x}$를 y축 대칭시킨 형태가 바로 이 그래프야. 이 무리함수의 정의역은 $\{x|x\leq 0$인 실수$\}$, 치역은 $\{y|y\geq 0$인 실수$\}$란다.

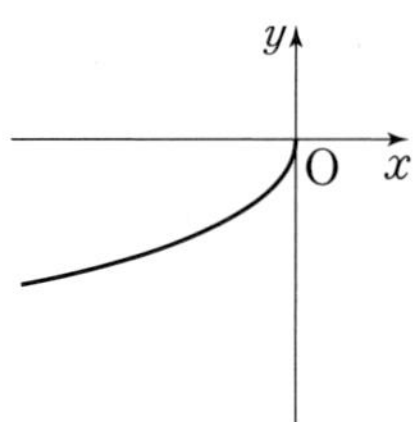

마지막으로 살펴볼 이 그래프는 $y=-\sqrt{-x}$의 그래프야. 이 그래프는 $y=\sqrt{x}$에서 x, y에 $-$를 붙인 꼴이지? 따라서 $y=\sqrt{x}$를 원점대칭한 형태라고도 볼 수 있단다. 이 그래프의 정의역은 $\{x|x\leq 0$인 실수$\}$, 치역 $\{y|y\leq 0$인 실수$\}$야.

네 가지 그래프는 반드시 숙지하고 있어야 해. 특히 $y=-\sqrt{x}$을 기준으로 대칭이동시켜서 나머지 $y=-\sqrt{x}$, $y=\sqrt{-x}$, $y=-\sqrt{-x}$의 그래프를 그릴 수 있도록 연습하는 게 중요하단다. 사실 네 가지 그래프 모두 시작점은 $(0, 0)$이니까 '어느 방향으로 뻗어 나가는지'만 특히 신경써서 그리면 돼.

자 이번엔 지금까지 했던 내용을 떠올려 보면서 무리함수 $y=\sqrt{ax}$ $(a\neq0)$와 $y=-\sqrt{ax}(a\neq0)$의 그래프를 그리는 방법을 배울 차례야. 앞서 여러 번 등장했던 패턴이지? 무리함수에서도 마찬가지로 $|a|$의 값이 중요해. $|a|$가 크면 클수록 x축에서 멀어지거든. $y=\sqrt{ax}$는 $y=\sqrt{a}\sqrt{x}$이니까, $|a|$가 커지면 $\sqrt{x}$의 계수가 커지는 것이고, y의 값도 함께 커지겠지? 따라서 x축에서는 점점 더 멀어지게 된단다. 그 다음에는 무리함수 $y=\sqrt{x}$, $y=-\sqrt{x}$, $y=\sqrt{-x}$, $y=-\sqrt{-x}$의 그래프를 떠올리면서 그래프의 방향을 잡고, 1을 대입해서 나온 점과 원점을 곡선으로 이으면 돼. 이때 정의역과 치역은 그래프를 그려준 뒤, 판단하면 된단다.

$y=\sqrt{a(x-p)}+q(a\neq0)$, $y=-\sqrt{a(x-p)}+q(a\neq0)$, $y=\sqrt{ax+b}+c(a\neq0)$의 그래프

이제 우리는 무리함수의 표준형이라 불리는 $y=\sqrt{a(x-p)}+q(a\neq0)$, $y=-\sqrt{a(x-p)}+q(a\neq0)$의 그래프를 살펴볼 건데, 지금 공부한 내용을 토대로 평행이동만 하면 되기 때문에 매우 쉽단다. 즉, $y=\sqrt{a(x-p)}+q$의 그래프는 $y=\sqrt{ax}$의 그래프를 x축으로 p만큼, y축으로 q만큼 평행이동시킨 그래프로 시작점이 (p, q)인 그래프를 의미해. 이때 평행이동에 대해서는 앞에서 확인했으니 잘 떠올리면서 적용만 하면 된단다. 정의역과 치역 역시 그래프를 그린 뒤 판단하면 되고.

자, 그럼 이제 마지막! 무리함수 그래프의 일반형, $y=\sqrt{ax+b}+c(a\neq0)$의 꼴의 그래프는 어떻게 그리면 될까? 이제 어느 정도 눈치챘겠지만 $y=\sqrt{ax+b}+c$의 그래프는 $y=\sqrt{a(x-p)}+q$의 꼴로 고쳐서 생각하면 된단다. 이것도 마찬가지로 그래프를 그린 뒤에 정의역과 치역을 판단하면 돼.

예제 

다음 무리함수의 그래프를 그리고 정의역과 치역을 구해 보자.

1. $y=-\sqrt{3x}$

→

2. $y=-\sqrt{-5x}$

→

3. $y=\sqrt{2x+6}+1$

→

4. $y=\sqrt{-x+2}-1$

→

정답과 해설

분배법칙 … 029

1. $-a+3b$
2. $6a^2-3ab$

다항식과 다항식을 곱하면 … 032

1. $x^2+xy-x-y$
2. $x^2-xy+x+xy-y^2+y=x^2+x-y^2+y$

여섯 가지 곱셈 공식 … 038

1. x^2-4y^2
2. $4x^2-12xy-9y^2$
3. x^3-1
4. $8x^3+1$
5. $8x^3+36x^2+54x+27$
6. $27x^3-27x^2+9x-1$
7. $x^2+y^2+1+2xy+2x+2y$
8. $x^2+y^2+4z^2=2xy-4yz+2xz$

곱셈 공식의 변형 … 040

1. (1) $x^2+y^2=(x+y)^2-2xy=(3)^2-(2\times1)=9-2=7$

   (2) $(x-y)^2=x^2-2xy+y^2=7-(2\times1)=5$

   (3) $x^3+y^3=(x+y)^3-3xy(x+y)=3^3-(3\times1\times3)$

   $=27-9=18$
2. $x^3-y^3=(x-y)^3+3xy(x-y)=(2)^3+(3\times1\times2)$

   $=8+6=14$
3. $x^2+y^2+z^2=(x+y+z)^2-2(xy+yz+zx)=(2)^2-(2\times1)$

   $=4-2=2$

어떻게 계산해야 할까? ··· 046

1. $ax(x-1)+b(x-1)(x+1)+c(x+1)x=x^2-x+1$

   $ax^2-ax+bx^2-b+cx^2+cx=x^2-x+1$

   $(a+b+c)x^2-(a-c)x+(-b)=x^2-x+1$

   $a+b+c=1, a-c=1, b=-1$

   $a+b+c=1$에 $b=-1$ 대입, $a+c=2$

   $a+c=2$ $a-c=1$을 더하면 $2a=3, a=\frac{3}{2}$

   $a+c=1$에 $a=\frac{3}{2}$을 대입, $c=\frac{1}{2}$

   $\therefore\ a=\frac{3}{2}, b=-1, c=\frac{1}{2}$

2. $(x-1)(ax+2)=3x^2+bx+c$

   $ax^2+(2-a)x+(-2)=3x^2+bx+c$

   $a=3, b=(2-a), c=-2$

   $a=3$을 $(2-a)=b$에 대입, $b=-1$

   $\therefore\ a=3, b=-1, c=-2$

직접 나눔 ··· 051

1. 풀이 1)

$$
\begin{array}{r|rrrr}
 & 3x^2 & +\ 2x & +\ 3 & \\
\hline
x-1 & 3x^3 & -\ x^2 & +\ x & +\ 4 \\
- & 3x^3 & -\ 3x^2 & & \\
\hline
 & & 2x^2 & +\ x & \\
- & & 2x^2 & -\ 2x & \\
\hline
 & & & 3x & +\ 4 \\
- & & & 3x & -\ 3 \\
\hline
 & & & & 7
\end{array}
$$

풀이 2)

$$\begin{array}{rrrrr} & 3 & 2 & 3 & \\ \cline{2-5} 1-1\,) & 3 & -1 & 1 & 4 \\ -) & 3 & -3 & & \\ \cline{2-5} & & 2 & 1 & \\ -) & & 2 & -2 & \\ \cline{3-5} & & & 3 & 4 \\ -) & & & 3 & -3 \\ \cline{4-5} & & & & 7 \end{array}$$

몫 : $3x^2+2x+3$ 나머지 : 7

2. 풀이 1)

$$\begin{array}{rlllll} & x^2 & -\ x & -\ 1 & & \\ \cline{2-6} x^2+x+1\,) & x^4 & -\ 0 & -\ x^2 & +2x+3 & \\ -) & x^4 & +\ x^3 & +\ x^2 & & \\ \cline{2-6} & & -\ x^3 & -\ 2x^2+x & & \\ -) & & -\ x^3 & -\ x^2-x & & \\ \cline{3-6} & & & x^2+3x+3 & & \\ -) & & & x^2-\ x-1 & & \\ \cline{4-6} & & & 4x+4 & & \end{array}$$

풀이 2)

$$\begin{array}{rrrrrr} & 1 & -1 & -1 & & \\ \cline{2-6} 1\ 1\ 1\,) & 1 & 0 & -1 & -2 & -3 \\ -) & 1 & 1 & 1 & & \\ \cline{2-6} & & -1 & -2 & 2 & \\ -) & & -1 & -1 & -1 & \\ \cline{3-6} & & & -1 & 3 & 3 \\ -) & & & -1 & -1 & -1 \\ \cline{4-6} & & & & 4 & 4 \end{array}$$

몫 : x^2-x-1 나머지 : $4x+4$

나머지정리 … 055

1. $(x-2)=0$, $x=2$를 $3x^3-x^2+x+4$에 대입

$3(2)^3-(2)^2+2+4=24-4+2+4=26$

2. $(x+1)=0$을 만족하는 $x=-1$을 x^4-x^2+2x+3에 대입

$(-1)^4-(-1)^2+2(-1)+3=1-1-2+3=1$

3. $x=1$일 때 나머지 $ax+b$는, $a+b=1^3-1^2-1+1=0$

$x=2$일 때 나머지 $ax+b$는, $2a+b=2^3-2^2-2+1=3$

두 식을 빼면 $a=3, b=-3$

$\therefore R(x)=ax+b=3x-3$

조립제법 ··· 059

1.

$$\begin{array}{r|rrr|r} 1 & 1 & -1 & -1 & 1 \\ & & 1 & 0 & -1 \\ \hline & 1 & 0 & -1 & \boxed{0} \end{array}$$

몫 : x^2-1 나머지 : 0

2.

$$\begin{array}{r|rrrr|r} -1 & 1 & 0 & 0 & 2 & -1 \\ & & -1 & 1 & -1 & -1 \\ \hline & 1 & -1 & 1 & 1 & \boxed{-2} \end{array}$$

몫 : x^3-x^2+x+1 나머지 : -2

3.

$$\begin{array}{r|rrr|r} -\frac{1}{2} & 4 & 0 & 1 & -1 \\ & & -2 & 1 & -1 \\ \hline & 4 & -2 & 2 & \boxed{-2} \end{array}$$

몫 : $2x^2-x+1$ 나머지 : -2

인수분해 ··· 068

1. $(x+2)(x+7)$

2. $(x-10)(x-2)$

3. $(x+5)(x-4)$

4. $(x-7)(x+2)$

5. $(x+1)(3x+5)$

6. $(5x-2)(x+1)$

인수분해의 심화 공식 … 069

1. $(x-y)(x^2+xy+y^2)$

2. $(x-2)^3$

3. $(x-y+z)^3$

치환을 이용한 인수분해 … 071

1. $(X-1)(X-3)=X^2+2X-3-5=X^2+2x-8$

$=(X+4)(X-2)=(x+y-2)(x+y-4)$

2. $X^2-11X+30=(X-6)(X-5)$

$=(x^2-2x-6)(x^2-2x-5)$

복이차식의 인수분해 … 074

1. $X^2+X-20=(X+5)(X-4)=(x^2+5)(x^2-4)$

$=(x^2+5)(x-2)(x+2)$

2. $X^2+5X+9=X^2+6X+9-X=(x^2+3)^2-x^2$

$=(x^2-x+3)(x^2+x+3)$

인수정리를 이용한 인수분해 … 079

1.

1	1	1	−5	3
		1	2	−3
	1	2	−3	0

$(x-1)(x^2+2x-3)=(x-1)^2(x+3)$

2.

−1	1	1	−6	−2	4
		−1	0	6	−4
2	1	0	−6	4	0
		2	4	−4	
	1	2	−2	0	

$(x+1)(x-2)(x^2+2x-2)$

유리식의 곱셈과 나눗셈 … 092

1. $\dfrac{(x-2)+(x-1)}{x(x-1)(x-2)}=\dfrac{2x-3}{x(x-1)(x-2)}$

2. $\dfrac{2(x+1)-(x-1)}{(x-1)(x+1)}=\dfrac{2x+2-x+1}{(x-1)(x+1)}=\dfrac{x+3}{(x-1)(x+1)}$

3. $\dfrac{x}{(x+1)}\times\dfrac{(x-1)}{2x}\times\dfrac{2(x+1)}{1}=x-1$

부분분수 … 102

1. $\dfrac{(x+1)^2-x(x+2)}{x(x+1)}=\dfrac{x^2+2x+1-x^2-2x}{x^2+x}=\dfrac{1}{x^2+x}$

2. $\dfrac{\dfrac{a+1}{1}}{\dfrac{a+1}{1}}=\dfrac{a(a+1)}{(a+1)}=a$

3. $\dfrac{1}{2}\left(\dfrac{1}{x}-\dfrac{1}{x+2}\right)+\dfrac{1}{2}\left(\dfrac{1}{x+2}-\dfrac{1}{x+4}\right)+\dfrac{1}{2}\left(\dfrac{1}{x+4}-\dfrac{1}{x+6}\right)$

$=\dfrac{1}{2}\left(\dfrac{1}{x}-\dfrac{1}{x+2}+\dfrac{1}{x+2}-\dfrac{1}{x+4}+\dfrac{1}{x+4}-\dfrac{1}{x+6}\right)$

$=\dfrac{1}{2}\left(\dfrac{1}{x}-\dfrac{1}{x+6}\right)=\dfrac{1}{2}\left(\dfrac{x+6-x}{x(x+6)}\right)=\dfrac{1}{2}\left(\dfrac{6}{x^2+6x}\right)=\dfrac{3}{x^2+6x}$

4. $5x=3y,\ y=\dfrac{5x}{3}$

$$\frac{xy}{xy-x^2}=\frac{xy}{x(y-x)}=\frac{y}{y-x}=\frac{\dfrac{5x}{3}}{\dfrac{2x}{3}}=\frac{15x}{6x}=\frac{5}{2}$$

분모가 무리수인 게 불편해 … 111

1. $\sqrt{2}-2\sqrt{3}$

2. $-12\sqrt{6}$

3. $\dfrac{\sqrt{21}}{\sqrt{5}}\times\dfrac{\sqrt{20}}{\sqrt{7}}=\dfrac{\sqrt{7}\sqrt{3}}{\sqrt{5}}\times\dfrac{\sqrt{4}\sqrt{5}}{\sqrt{7}}=\sqrt{12}=2\sqrt{3}$

4. $4+2\sqrt{2}-6-3\sqrt{2}=-2-\sqrt{2}$

5. $3-\sqrt{5}+6\sqrt{5}-10=-7+5\sqrt{5}$

6. $\dfrac{3\sqrt{5}\times2\sqrt{3}}{2\sqrt{3}\times2\sqrt{3}}=\dfrac{6\sqrt{15}}{12}=\dfrac{\sqrt{15}}{2}$

7. $\dfrac{\sqrt{2}(x+\sqrt{3})}{(2-\sqrt{3})(2+\sqrt{3})}=\dfrac{2\sqrt{2}+\sqrt{6}}{4-3}=2\sqrt{2}+\sqrt{6}$

i의 순환성 … 119

1. $i^{50}=(i^4)^{12}\times i^2=(1)^{12}\times i^2=i^2=-1$

2. $1+i+(-1)+(-i)+1+((i^4)\times i)+((1^4)\times i^2)+((i^4)\times i^3)$
$=1+i+(-1)+(-i)+1+((1)\times(-1))+((1)\times(-i))=0$

복소수 … 121

1. 실수부 : 1, 허수부 : 0

2. 실수부 : $-\dfrac{3}{2}$, 허수부 : 0

3. 실수부 : 0, 허수부 : 2

4. 실수부 : 1, 허수부 : -2

5. 실수부 : $\sqrt{3}$, 허수부 : 1

켤레복소수와 서로 같은 복소수 … 125

1. 1

2. $-\dfrac{3}{2}$

3. $-2i$

4. $1+2i$

5. $\sqrt{3}-i$

1. $a=-3, b=2$

2. $a=1, b=-2$

복소수의 덧셈, 뺄셈, 곱셈 ··· 126

1. $-1+6i$

2. $3-i-2+6i=1+5i$

3. $-1+4i-i+4i^2=-1+4i-i-4=-5+3i$

복소수의 나눗셈 ··· 128

1. $\dfrac{2\times i}{2i\times i}=\dfrac{2i}{-3}=-\dfrac{2i}{3}$

2. $\dfrac{(1+i)(2+i)}{(2-i)(2+i)}=\dfrac{2+i+2i+i^2}{4-i^2}=\dfrac{2+i+2i+(-1)}{4-(-1)}=\dfrac{1+3i}{5}$

3. $\dfrac{2i}{(1+i)}=\dfrac{2i(1-i)}{(1+i)(1-i)}=\dfrac{2(i-i^2)}{1-i^2}=\dfrac{2(i-(-1))}{1-(-1)}=1+i$

일차방정식 ··· 138

1. $5x-1=3x+3$

   $5x-3x=3+1$

   $2x=4$

   $x=2$

2. $3x-6=2(x+1)$

   $3x-6=2x-2$

   $3x-2x=2+6$

   $x=8$

해가 특수한 방정식 ··· 141

1. a가 2일 때

   $(2-2)x=2(2-2)$

$0\times x=2\times 0$

x는 모든 실수

a가 2가 아닐 때

$x=a$

첫 번째 작전, 인수분해 ··· 144

1. $x=\frac{1}{2}$ or $x=-5$

2. $x^2+3x-10=0$

$$\begin{array}{ccc} 1 & \searrow\!\!\!\!\nearrow & 5 \\ 1 & \nearrow\!\!\!\!\searrow & -2 \\ \hline \end{array}$$

$(x+5)(x-2)=0$

$x=-5$ or $x=2$

3. $2x^2-5x-3=0$

$$\begin{array}{ccc} 1 & \searrow\!\!\!\!\nearrow & -3 \\ 2 & \nearrow\!\!\!\!\searrow & 1 \\ \hline \end{array}$$

$(x-3)(2x+1)=0$

$x=3$ or $x=\frac{1}{2}$

두 번째 작전, 완전제곱식 ··· 148

1. $x=\pm\sqrt{6}$

2. $x^2=\pm\frac{3}{2}$, $x=\pm\sqrt{\frac{3}{2}}=\pm\frac{\sqrt{6}}{2}$

3. $(x-1)=\pm\sqrt{2}$, $x=1\pm\sqrt{2}$

4. $(x+1)^2=\frac{5}{2}$

$(x+1)=\pm\sqrt{\frac{5}{2}}=\pm\frac{\sqrt{10}}{2}$

$x=-1\pm\frac{\sqrt{10}}{2}$

5. $x^2-\frac{7}{2}x+1=0$

$x^2-\frac{7}{2}x=-1$

$x^2-\frac{7}{2}x+\left(-\frac{\frac{7}{2}}{2}\right)^2=-1+\left(-\frac{\frac{7}{2}}{2}\right)^2$

$x^2-\frac{7}{2}x+\frac{49}{16}=\frac{33}{16}$

$\left(x-\frac{7}{4}\right)^2=\frac{33}{16}$

$\left(x-\frac{7}{4}\right)=\pm\sqrt{\frac{33}{16}}=\pm\frac{\sqrt{33}}{4}$

$x=\frac{7}{4}\pm\frac{\sqrt{33}}{4}=\frac{7\pm\sqrt{33}}{4}$

세 번째 작전, 근의 공식 … 152

1. $x=\frac{-7\pm\sqrt{7^2-4(2\times-2)}}{2\times2}=\frac{-7\pm\sqrt{65}}{4}$
2. $x=\frac{7\pm\sqrt{(-2)^2-(2\times1)}}{1}=2\pm\sqrt{6}$
3. $x=\frac{2\pm\sqrt{(-2)^2-(2\times1)}}{2}=\frac{2\pm\sqrt{2}}{2}$

이차방정식의 판별식 … 156

1. $(-5)^2-4(1\times2)=25-8=17$

   D가 0보다 크므로 서로 다른 두 실근
2. $(-2)^2-(4\times1)=4-4=0$

   $\frac{D}{4}$가 0이므로 서로 같은 두 실근(한 실근)
3. $(-2)^2-(2\times3)=4-6=-2$

   $\frac{D}{4}$가 0보다 작으므로 서로 다른 두 허근

이차방정식의 중근 … 157

1. $\frac{D}{4}$: $(-4)^2-(1\times16)=16-16=0$

완전제곱식 : $x^2-8x+16=(x-4)^2=0$

판별식 $\frac{D}{4}$가 0이고 (완전제곱식)=0의 꼴로 인수분해되므로 중근

2. $\frac{D}{4}$: $(6)^2-(9\times4)=36-36=0$

완전제곱식 : $9x^2+12x+4=(3x+2)^2=0$

판별식 $\frac{D}{4}$가 0이고 (완전제곱식)=0의 꼴로 인수분해되므로 중근

해를 알 때 이차방정식 완성하기 … 159

1. $(x+2)(x-5)=0$

2. $(x+1)^2=0$

이차방정식의 근과 계수의 관계 … 163

1. $-\frac{b}{a}=-\frac{-2}{1}=2$

2. $\frac{c}{a}=\frac{-2}{1}=-2$

3. $\alpha^2+\beta^2=(\alpha+\beta)^2-2\alpha\beta=(2)^2-2(-2)=4+4=8$

4. $\alpha^3+\beta^3=(\alpha+\beta)^3-3\alpha\beta(\alpha+\beta)=(2)^3-3(-2)(2)=8+12=20$

삼차방정식의 풀이 … 168

1.

$$\begin{array}{r|rrrr} 2 & 1 & -6 & 12 & -8 \\ & & 2 & -8 & 8 \\ \hline & 1 & -4 & 4 & \boxed{0} \end{array}$$

$(x-2)(x^2-4x+4)=(x-2)(x-2)^2=(x-2)^3$

$\therefore (x-2)^3=0$　　해 : $x=2$

2\.

1	1	−3	0	2
		1	−2	−2
	1	−2	−2	0

$(x-1)(x^2-2x-2)$

$\therefore\ (x-1)(x^2-2x-2)=0 \quad x=1$

$x^2-2x-2=0$

$x=\dfrac{1\pm\sqrt{1+2}}{1}=1\pm\sqrt{3}$

해 : $x=1,\ 1\pm\sqrt{3}$

사차방정식의 풀이 ··· 172

1\. $x^4-16=0$

$\Leftrightarrow\ (x^2+4)(x^2-4)=(x^2+4)(x+2)(x-2)=0$

$\Leftrightarrow\ x^2+4=0$ or $(x+2)(x-2)=0$

$x^2=-4$

$x=\pm 2i$ or $x=\pm 2$

2\. $x^4-9x^2-4x+12=0$

1	1	0	−9	−4	12
		1	1	−8	−12
3	1	1	−8	−12	0
		3	12	12	
	1	4	4	0	

$\Leftrightarrow\ (x-1)(x-3)(x^2+4x+4)=0$

$(x-1)(x-3)(x+2)^2=0$

$x=1$ or 3 or -2

3\. $x^4-x^2-6=0$

$x^2=t$ 치환

$\Leftrightarrow\ t^2-t-6=0$

$(t-3)(t+2)=0$

$\Leftrightarrow (x^2-3)(x^2+2)=0$

$x=\pm\sqrt{3}$ or $x=\pm\sqrt{2}i$

4. $x^4+4x^2+16=0$

$x^2=t$ 치환

$\Leftrightarrow t^2+4t+16=0$

$t^2+8t+16-4t=0$

$(t+4)^2-4t=0$

$(x^2+4)^2-4x^2=0$

$(x^2+4)^2-(2x)^2=0$

$(x^2+4+2x)(x^2+4-2x)=0$

$(x^2+2x+4)(x^2-2x-4)=0$

$x=\dfrac{-1\pm\sqrt{1-4}}{1}$ or $\dfrac{1\pm\sqrt{1+4}}{1}$

$x=-1\pm\sqrt{3}i$ or $1\pm\sqrt{5}$

삼차방정식의 근과 계수의 관계 … 174

1. $-\dfrac{b}{a}=-\dfrac{-1}{1}=1$

2. $\dfrac{c}{a}=\dfrac{-2}{1}=-2$

3. $\dfrac{d}{a}=\dfrac{-1}{1}=-1$

4. $\alpha^2+\beta^2+\gamma^2=(\alpha+\beta+\gamma)^2-2(\alpha\beta+\beta\gamma+\gamma\alpha)$

$=(1)^2-2(-2)$

$=1+4=5$

삼차방정식 $x^3=1$의 허근의 성질 … 178

1. $\omega^{100}=(\omega^3)^{33}\times\omega=(1)^{33}\times\omega=\omega$

2. $\omega^{50}=(\omega^3)^{16}\times\omega^2=(1)^{15}\times\omega^2=\omega^2=\frac{1}{\omega}$

3. $((\omega^3)^{33}\times\omega)+((\omega^3)^{16}\times x^2)+1=\omega+\omega^2+1=\omega^2=\omega+1=0$

4. $\omega^2+\omega+1=0$이므로 $\omega^2+1=-\omega$

$\frac{\omega}{-\omega}=-1$

연립방정식 … 182

1. $-\begin{cases} x+y=1 \\ x-2y=4 \end{cases}$

$3y=-3$

$y=-1$

$x=2$

해 $(x, y)=(2, -1)$

2. $x=3y+3$을 $2x-y=1$에 대입

$2(3y+3)-y=1$

$6y+6-y=1$

$5y=-5$

$y=-1$

$x=0$

해 $(x, y)=(0, -1)$

미지수가 3개인 연립일차방정식 … 184

1. $-\begin{cases} 3x+2y+z=5 \\ x+\ y+z=2 \end{cases}$

$2x+\ y\qquad=3$

$-\begin{cases} 2x+2y+2z=4 \\ x-\ y+2z=5 \end{cases}$

$$x+3y \quad = -1$$

$$-\begin{cases} 2x+\ \ y=3 \\ 2x+6y=-2 \end{cases}$$

$$-5y=5$$

$$y=-1$$

$$x=2$$

$$z=1$$

$\therefore x=2, y=-1, z=1$

미지수가 2개인 연립이차방정식 … 187

1. $\begin{cases} x+y=1 \\ x^2+y^2=5 \end{cases}$ $y=1-x$ 대입

$x^2+(1-x)^2=5$

$x^2+1-2x+x^2-5=0$

$2x^2-2x-4=0$

$x^2-x-2=0$

$(x-2)(x+1)=0$

$x=2$ or -1

$y=-1$ or 2

$\therefore (x, y)=(2, -1)$ or $(-1, 2)$

2. $\begin{cases} x-y=-1 \\ x^2+y^2-xy=3 \end{cases}$ $y=x+1$ 대입

$x^2+(x+1)^2-x(x+1)-3=0$

$x^2+x^2+2x+1-x^2-x-3=0$

$x^2+x-2=0$

$(x+2)(x-1)=0$

$x=-2$ or 1

$y=-1$ or 2

$\therefore (x, y)=(-2, -1)$ or $(1, 2)$

3. $\begin{cases} x^2-y^2=0 \\ x^2+xy+2y^2=20 \end{cases}$ $(x+y)(x-y)=0$

i) $x+y=0$

$x=-y$

$x^2+xy+2y^2=20$ 대입

$y^2-y^2+2y^2=20$

$2y^2=20, y^2=10$

$\therefore y=\pm\sqrt{10}$

$x=\mp\sqrt{10}$

$\therefore (x, y)=(-\sqrt{10}, \sqrt{10})$

$(\sqrt{10}, -\sqrt{10})$

ii) $x-y=0$

$x=y$

$x^2+xy+2y^2=20$ 대입

$y^2+y^2+2y^2=20$

$4y^2=20, y^2=5$

$\therefore y=\pm\sqrt{5}$

$x=\pm\sqrt{5}$

$\therefore (x, y)=(\sqrt{5}, \sqrt{5})$

$=(-\sqrt{5}, -\sqrt{5})$

부정방정식 … 191

1. $x-1=-2$이고 $y+1=1 \Rightarrow x=-1, y=0$ $\therefore (-1, 0)$

$x-1=2$이고 $y+1=-1 \Rightarrow x=3, y=-2$ $\therefore (3, -2)$

$x-1=-1$이고 $y+1=2 \Rightarrow x=0, y=1$ $\therefore (0, 1)$

$x-1=1$이고 $y+1=-2 \Rightarrow x=2, y=-3$ $\therefore (2, -3)$

$\therefore (x, y)=(-1, 0), (3, -2), (0, 1), (2, -3)$

2. $x^2+4x+y^2-10y+29=0$

$x^2+4x+4+y^2-10y+25=-29+4+25$

$(x+2)^2+(y-5)^2=0$

$x=-2, y=5$

$\therefore (x, y)=(-2, 5)$

이차부등식 … 211

1. 좌변$=0$으로 만드는 x의 값은 $1, -4$

x가 부등호의 작은 쪽에 있으니, '큰 것과 작은 것 사이에 끼인다'

$\therefore -4<x<1$

2. $x^2-x-6=(x-3)(x+2)<0$

좌변$=0$으로 만드는 x의 값은 $3, -2$

x가 부등호의 작은 쪽에 있으니, '큰 것과 작은 것 사이에 끼인다'

$\therefore -2<x<3$

3. 좌변$=0$으로 만드는 x의 값은 $2, -5$

x가 부등호의 큰 쪽에 있으니, '큰 것보다 크고, 작은 것보다 더 작다'

$\therefore x>2$ 또는 $x<-5$

4. 좌변$=0$으로 만드는 x의 값은 $-3, 2$

x가 부등호의 큰 쪽에 있으니, '큰 것보다 크고, 작은 것보다 더 작다'

$\therefore x>3$ 또는 $x<-2$

이차부등식의 완성 … 213

1. 해가 $-2<x<7$이므로, 좌변은 $(x+2)(x-7)$

x는 큰 것과 작은 것 사이에 끼어 있기 때문에

$\therefore (x+2)(x-7)<0$

2. 해가 $x>3$ 또는 $x<-5$이므로, 좌변은 $(x-3)(x+5)$

x는 큰 것보다 더 크고, 작은 것보다 더 작기 때문에

$\therefore (x-3)(x+5)>0$

함수의 여러 가지 용어 정리 … 223

1. 함수

정의역 : $\{-2, -1, 0, 2\}$

공역 : $\{1, 3, 5, 7, 9\}$

치역 : $\{1, 3, 5, 7\}$

2. 함수

정의역 : $\{-3, -1, 0, 2, 4\}$

공역 : $\{1, 3, 5, 7, 9\}$

치역 : $\{1, 5, 7, 9\}$

3. 함수 아님

($x=-1$일 때, $y=3, 7$ 두 가지 선택)

합성함수 … 230

1. $f(x)=2x$이므로

$(f\circ h)(x)=f(h(x))=2(h(x))$

$g(x)=-x+1$

$(f\circ h)(x)=g(x)$에서, $2(h(x))=-x+1$

$h(x)=\frac{1}{2}(-x+1)$ $\quad\therefore h(x)=-\frac{1}{2}x+\frac{1}{2}$

2. $(h\circ f)(x)=h(2x)$

$g(x)=-x+1$

$(h\circ f)(x)=g(x)$에서, $h(2x)=-x+1$

★$2x=t$★라 치환하면, $x=\frac{t}{2}$이고,

$h(2x)=-x+1$에 $x=\frac{t}{2}$ 대입하면

$h(t)=-\frac{t}{2}+1$ $\quad\therefore h(x)=-\frac{x}{2}+1$

역함수 … 234

1. $y=2x+6$

$-2x=-y+6$

$x=\frac{1}{2}y-3$

$f^{-1}(x)=\frac{1}{2}x-3$

2. $y=x^2-1$

$-x^2=-y-1$

$x=\pm\sqrt{(y+1)}$

$f^{-1}(x)=\pm\sqrt{(x+1)}$

대칭이동 ··· 237

1. x축 대칭 : $(-3, 2)$,

y축 대칭 : $(3, -2)$,

원점대칭 : $(3, 2)$

$y=x$ 대칭 : $(-2, 3)$

2. x축 대칭 : $x+2y-1=0$,

y축 대칭 : $-x-2y-1=0 \Rightarrow x+2y+1=0$

원점대칭 : $-x+2y-1=0$,

$y=x$ 대칭 : $y-2x-1=0 \Rightarrow -2x+y-1=0$

3. x축 대칭 : $-y=x^2-x+1 \Rightarrow -x^2+x-1$

y축 대칭 : $y=x^2+x+1$

원점대칭 : $-y=x^2+x+1 \Rightarrow y=-x^2-x-1$

$y=x$ 대칭 : $x=y^2-y+1$

평행이동 ··· 239

1. $(-3-2, -2+4), (-5, 2)$

2. $2(x+2)-(y-4)-1=0$

$2x+4-y+4-1=0$

$2x-y+7=0$

3. $(y-4)=(x+2)^2-3$

$y=(x+2)^2+1$

직선의 방정식 완성하기 ··· 249

1. $y=-2x+6$

2. $y=-1(x-(-2))+(-3)=-x-5,$

   $y=-x-5$

3. $y=\frac{1-7}{4-(-2)}(x-(-2))+7=-(x+2)+7=-x+5$

4. $\left(\frac{7-5}{-2-(-2)}\right)=\frac{2}{0}$, 분모가 0이므로 y축에 평행한 직선, $x=-2$

5. $y=\left(\frac{4-4}{3-(-1)}\right)(x-3)+4=0,\ y=4$

6. $\frac{x}{-1}+\frac{y}{5}=-x+\frac{y}{5}-1$

   $\frac{y}{5}=x+1$

   $y=5x+5$

일차 함수의 위치 관계 ··· 256

1. 두 직선이 평행이면, 기울기가 같고 y절편은 다르다

   y절편은 $1\neq4$로 다르고 기울기가 같다는 조건에 의해

   $-1=3-a$

   $\therefore a=4$

2. 두 직선이 수직이면, 기울기의 곱이 -1

   $(-1)\times(3-a)=-1, 3-a=1$

   $\therefore a=2$

3. 두 직선이 평행이면, 기울기가 같고 y절편은 다르므로 계수의 비로 판단

   $\frac{a}{4}=\frac{-1}{2}\neq\frac{-1}{-2}$에서, $\frac{a}{4}=\frac{-1}{2}$을 대각선끼리 곱해서 정리하면

   $2a=-4$

   $\therefore a=-2$

4. $ax-y-1=0 \Leftrightarrow y=ax-1$, 기울기 a

$4x+2y-2=0 \Leftrightarrow 2y=-4x+2,\ y=-2x+1$, 기울기 -2

두 직선이 수직이면, 기울기의 곱이 -1

$a\times(-2)=-1$

$\therefore a=\frac{1}{2}$

연립방정식의 해와 그래프 … 258

1. $\frac{2}{1}\neq\frac{1}{-1}$이므로 $\therefore$ 한 점에서 만난다
2. $\frac{2}{1}=\frac{4}{2}=\frac{-4}{-2}$이므로 일치 $\therefore$ 해는 무수히 많다
3. $\frac{2}{1}=\frac{4}{2}\neq\frac{4}{1}$이므로 평행 $\therefore$ 해는 없다

이차함수 $y=a(x-p)^2+q$의 그래프 … 262

1. 꼭짓점 $(2, 0)$, 축의 방정식 $x=2$
2. 꼭짓점 $(0, 3)$, 축의 방정식 $x=0$
3. 꼭짓점 $(-1, -2)$, 축의 방정식 $x=-1$
4. 꼭짓점 $(-4, 1)$, 축의 방정식 $x=-4$

이차함수 $y=ax^2+bx+c$의 그래프 … 265

1. 꼭짓점의 x좌표$=-\frac{b}{2a}=-\frac{6}{2\times(-1)}=\frac{6}{2}=3$

   꼭짓점의 y좌표$=-3^2+6\times3+2=-9+18+2=11$

   $\therefore$ 꼭짓점 $(3, 11)$

2. 꼭짓점의 x좌표$=-\frac{b}{2a}=-\frac{(-1)}{2\times1}=\frac{6}{2}=3$

   꼭짓점의 y좌표$=\left(\frac{1}{2}\right)^2-\frac{1}{2}+1=\frac{1}{4}-\frac{1}{2}+1=\frac{1-2+4}{4}=\frac{3}{4}$

$\therefore$ 꼭짓점 $\left(\frac{1}{2}, \frac{3}{4}\right)$

3. 꼭짓점의 x좌표$=-\frac{b}{2a}=-\frac{2}{2\times\frac{1}{2}}=-2$

꼭짓점의 y좌표$=(-2)^2-2\times(-2)+1=4+4+1=9$

$\therefore$ 꼭짓점 $(-2, 9)$

이차함수의 그래프와 이차방정식 실근의 관계 ··· 273

1. $\begin{cases} y=x^2-6x+9 \\ y=0 \end{cases}$

$\Rightarrow$ 연립하면, $x^2-6x+9=0$, $(x-3)^2=0$, $x=3$(중근)

$\Rightarrow$ 항상 $y=0$이므로,

$\therefore$ $(3, 0)$: 연립방정식의 해, 이차함수와 축이 만나는 점(접한다.)

2. $y=4x^2-4x+1$, $y=0$ 연립 $\Leftrightarrow$ $4x^2-4x+1=0$

$4x^2-4x+1=0$의 판별식 $\frac{D}{4}=(-2)^2-4\times1=4-4=0$

판별식 $D=0$이므로, 한 실근(중근)을 가짐

$\therefore$ 이차함수 $y=4x^2-4x+1$의 그래프와 x축은 한 점에서 만난다.

3. $\begin{cases} y=x^2-5+4 \\ y=-3x+3 \end{cases}$

$\Rightarrow$ 연립하면, $x^2-5x+4=-3x+3$, $x^2-2x+1=0$,

$(x-1)^2=0$, $x=1$(중근)

$\Rightarrow$ 원래식 $y=-3x+3$에 $x=1$을 대입해주면, $y=0$

$\therefore$ $(1, 0)$: 연립방정식의 해, 이차함수와 축이 만나는 점(접한다.)

4. $y=9x^2-4x+1$, $y=2x$ 연립 $\Longleftrightarrow$ $9x^2-6x+1=0$

$9x^2-6x+1=0$의 판별식 $\frac{D}{4}=(-3)^2-9\times1=9-9=0$

판별식 $D=0$이므로, 한 실근(중근)을 가짐

∴ 이차함수 $y=9x^2-4x+1$의 그래프와 직선 $y=2x$는 한 점에서 만난다.

이차함수의 최대 최소 … 278

1. a가 0보다 크므로 아래로 볼록한 그래프, 꼭짓점은 $(2, 1)$

꼭짓점의 x좌표가 제한 구역 안에 포함되므로

최댓값 : 1

최솟값 : 1

2. a가 0보다 크므로 아래로 볼록한 그래프, 꼭짓점은 $(1, -4)$

꼭짓점의 x좌표가 제한 구역 안에 포함되지 않으므로

최댓값 : $3^2-2(3)-3=0$

최솟값 : $2^2-2(2)-3=-3$

유리함수 … 289

1. $y=\dfrac{3x-1}{x+2}=3+\dfrac{-7}{x+2}=3-\dfrac{7}{x+2}$

$x=-2, y=3$

2. $y=\dfrac{-x+4}{x-3}=-1+\dfrac{1}{x-3}$

$x=3, y=-1$

3. $y=\dfrac{-2x}{x-1}=-2+\dfrac{-2}{x-1}=-2-\dfrac{2}{x-1}$

$x=1, y=-2$

무리함수 … 294

1. $y=-\sqrt{3x}$

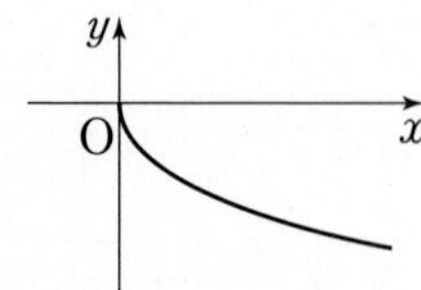

2. $y=-\sqrt{-5x}$

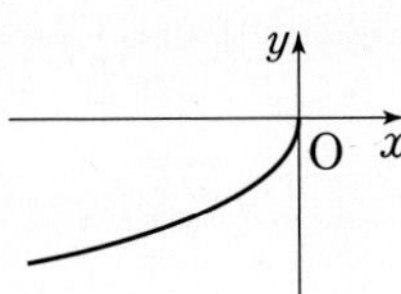

3. $y=\sqrt{2x+6}+1$

$=\sqrt{2(x+3)}+1$

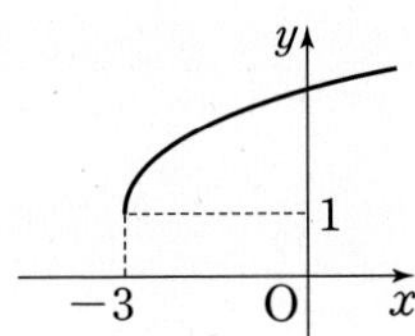

4. $y=\sqrt{-x+2}-1$

$=\sqrt{-(x-2)}-1$

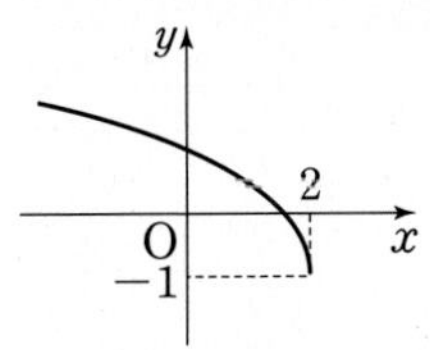

포기하지 마 수학

1판 1쇄 인쇄 2017년 1월 18일
1판 1쇄 발행 2017년 1월 25일

지은이 최은진

발행인 양원석
본부장 김순미
편집장 김건희
책임편집 진송이
일러스트 남현지
독자 모니터링 권서경, 윤이든, 이효민, 조주영
디자인 조윤주
전산편집 단골 팩토리
해외저작권 황지현
제작 문태일
영업마케팅 최창규, 박민범, 이주형, 이선미, 이규진, 김보영

펴낸 곳 ㈜ 알에이치코리아
주소 서울시 금천구 가산디지털2로 53, 20층 (가산동, 한라시그마밸리)
편집문의 02-6443-8845 **구입문의** 02-6443-8838
홈페이지 http://rhk.co.kr
등록 2004년 1월 15일 제2-3726호

ISBN 978-89-255-6088-5 (43410)